我的秘密花园

花也编辑部 编

My Secret Garden

秘密花园 IV

中国林业出版社
China Forestry Publishing House

图书在版编目（CIP）数据

我的秘密花园 IV / 花也编辑部编 . -- 北京 : 中国
林业出版社 , 2022.7
ISBN 978-7-5219-1654-6

Ⅰ . ①我… Ⅱ . ①花… Ⅲ . ①花园—园林设计 Ⅳ .
① TU986.2

中国版本图书馆 CIP 数据核字 (2022) 第 068009 号

责任编辑：印　芳　邹　爱
出版发行：中国林业出版社
　　　　　（100009 北京西城区刘海胡同 7 号）
　　　　　http://www.forestry.gov.cn/lycb.html
电　　话：010-83143565
印　　刷：北京博海升彩色印刷有限公司
版　　次：2022 年 7 月第 1 版
印　　次：2022 年 7 月第 1 次
开　　本：710mm×1000mm　1/16
印　　张：14
字　　数：284 千字
定　　价：78.00 元

前言 | 幸好我们有花园

往年的春天，我大部分时间都在外面到处拜访花园。今年一直乖乖地在家整理写作，也正好把《我的秘密花园Ⅳ》《我的秘密花园Ⅴ》编辑完成，希望尽快交到花友读者们的手里。暂时我们不能出去看花园，那么让这本书带你去吧。

我从来没想过疫情给我们的生活带来的影响如此深、如此久。切尔西花展，威斯利花园，日本花园游等，像是很遥远的过去。成都花园游、大连花园游、江南花园游等本来都排在今年的日程里，也不能成行。春天却不会等人，它到了季节就来。前些天开车出去，马路两边的月季全开满了，泡桐、苦楝、槐树也都是满树繁花，空气里弥漫着香樟树花的香味。我在想，有多少人错过了这最美的人间四月天啊，公园里的郁金香，乡村的油菜花，都落寞地开了又谢了，没有等到欣赏它的人。我们大多数时间都只能在家里，对着窗和窗外的世界，存着对美好和自由的念想，遗憾着。然而，远不止遗憾，疫情给我们的生活、精神都带来了更大的影响，有时候会悲观，不知道将来会怎样？我们还回得到过去吗？

我还好，因为有个花园，可以随时到花园里走走，烦恼、郁闷、疲惫的时候就去看看我的花花草草们，看看虞美人有没有开新的花色，金鱼草要不要扶一下，顺手掐残花、捉蜗牛，或者拿着相机拍照。有了花园，似乎总有忙不完的事。看着花园在自己的手里越来越美，很有成就感，心情也变得愉悦了。

在和群里很多花友们交流的时候，大家也都是这样的感慨：宅家的日子，大概最幸运的就是我们有个花园了吧。推开门就可以走到自然里，和花草们一起沐浴着阳光，呼吸着空气；和花草们一起感受风霜雨露、四季的变化；也因为花园，我们有了牵挂与责任，和付出汗水与热爱之后灿烂的回报。觉得每一天的日子并没有浑噩地白过。

花园就这样，用它的魅力在疗愈着我们。

我其实是有愧疚的，生活里还能有花草相伴，是多么奢侈！或许能做的也就是拍摄写作，记录花园的美好和大家分享。我想这也是《我的秘密花园》系列里所有花园主人的愿望：希望在不能出门的日子里，通过这些图片和文字，传递花园带给我们的慰藉。

在此，感谢所有的花园主作者们，是你们的分享带来了花草的芬芳。感谢所有的编辑，为系列书的出版辛苦的付出。

花也主编 *玛格丽特努*

2022 年 5 月 3 日

Contents 目录

一半烟火谋生 一半诗意谋爱
——我的暖庐春秋

图文 | 郭颖

主人：郭颖
面积：150平方米
坐标：辽宁大连

清晨，当高大的银杏树叶漏下的阳光敲打我的窗户，大金毛在院子里跑来跑去跟早起的邻居打着招呼，我睁开双眼，努力的清醒着，是的，这不是梦，是我的花园，从梦想变成了现实。

临着月季墙设置了一处休闲区，闲暇时邀三五好友品茗赏花

梦想在花园打开

当年大学毕业纪念册的扉页上，梦想一栏，我写的是开一家街角花店。之后跟朋友谈起理想的生活，我想象的是二层小楼，一个院子，几棵大树，一条大狗。随着纪念册慢慢合上，之后的二十多年，这个梦想，也再没有打开。

2015年，我拥有了现在的院子，心想事成的是，东南角一棵我最爱的"大帅哥"银杏树，西南是一棵老公最爱的巨大的法桐。一年春天，在东侧院，我们又栽下了1棵枣树，1棵柿子树，1棵白玉兰，前院还有1棵桃树，2棵西府海棠，到了秋天，连银杏都不甘寂寞地结了满树的白果。春华秋实，才是岁月最好的模样。

有了这些大树做骨架，从未养过一棵花的我，咨询了园艺专家之后，在网上买了40棵欧洲月季，一棵当时都没有听说过的欧洲木绣球'玫瑰'。不知道哪个卖家靠谱，我的采购标准是价格，相信"便宜没好货，好货不便

宜"；再就是，能买大苗，绝不买小苗。事实证明，这个标准还算靠谱。我的'龙沙'月季花墙、'黄金庆典'月季花墙、'自由精神'月季花墙和'玛格丽特王妃'月季拱门，现在仍然是整个小区的颜值担当。欧洲木绣球已经超过4米，每年春天都举着满树的白球在院子里招摇。随着陆陆续续搬回来的铁线莲、络新妇、玉簪、绣球、矾根、耧斗菜、飞燕草、毛地黄，再加上百合、郁金香、洋水仙等球根植物，花园迅速丰满了起来。

在很多人的印象中，东北与花草是绝缘的，只有肥沃土地长出来的好吃大米，呼伦贝尔绿地毯上的牛羊，大小兴安岭的林海雪原，大眼睛的白桦林和秋叶绝美的长白山。其实，大连夏无酷暑冬无严寒，接近七个月的春秋两季干燥凉爽，有着全国少有的适合花草生长的气候。

我的院子分为南院和东侧院，150平方米，呈"L"形。

夏季的傍晚，掌灯坐在满园鲜花的小院，聆听蛙声与蝉鸣，十分惬意

【前院】

经过五年不间断地改造，最终呈现的是：南面客厅窗边一棵巨大的'龙沙'月季，包住了半边窗户，窗前三层的花池，按照大小个和花期，栽种了百合、鸢尾、重瓣滨菊、蕾丝、宿根风铃和秋牡丹，花池边缘是墨西哥飞蓬，单独一块区域每年都留给郁金香和不过冬的草花交替种植，色系基本是粉白，穿插个别的淡紫色。

前院挨着欧洲木绣球做了鱼池水系，每年春季花期，坐在水边的躺床上，木绣球的枝条被花球压弯了腰，低低地垂在水面上，风吹落英，看鱼儿在满是白色花瓣的水下嬉戏。身后的法国梧桐树下，是绣球、玉簪、络新妇等喜阴植物的地盘，光线稍微好一点的地方栽种着粉紫色系的粉色'贝拉安娜'绣球、耧斗和铁线莲。

东南角银杏树下，白色的遮阳伞被盛开的粉色'龙沙'月季、白色'藤冰山'月季、淡紫'蓝色阴雨'月季和各种黄色系欧洲月季的花墙包围着，这里是朋友们一起下午茶和我们夫妻早晚餐的地方，被大家称为是如婚礼现场一般梦幻的角落。

深爱旅行的我，从世界各地淘来有趣味的小物，英国瓷器、荷兰中古银器、葡萄牙航海风桌布、日本茶炉、印度熏香、尼泊尔坚果碗，还有落在工具房屋檐的西班牙陶瓷小燕子，它们都成为我花园下午茶最可爱的装扮。

美国花旗松整木做的餐桌，此处是最好的烧烤晚餐地点

道路边种植着具有浓烈色彩的植物，给路过的人们一片清凉

【东侧院】

　　院子的东北角是15平方米的正方形平台，和家里的厨房相连，私密性极好，周围被蒙古栎、五角枫、杏树环绕着，玻璃顶上爬满了爬山虎，明年还打算栽种一棵日本紫藤。我们用了一块美国花旗松整木做餐桌，下午阳光褪去，这里是我们最好的烧烤晚餐地点。这里最美的是秋天，五角枫和爬山虎都染上了秋色，朋友们把酒言欢，只闻其声不见其人。

【院子外侧】

　　为了满足老公对浓烈色彩的喜好，在院子的最南边，靠近道路的地方，也种上了植物。有朋友送的两棵三十年树龄的牡丹'黑撒金'，大红色、粉色的荷兰和'伊藤'芍药，黄色杜鹃'羊踯躅'，比我都高的白色'紫斑牡丹'，蓝色系铁线莲在大片黄色天鹅系列耧斗菜的身后舒展，穗花牡荆、淡蓝色百子莲、高加索蓝盆花和大丽花'牛奶咖啡'在炎炎的夏日带给路过的人一片清凉。到了秋天，紫菀、荷兰菊、'特丽莎'香茶菜和墨西哥鼠尾草便开始了紫色系的表演。这里的浓墨重彩，深得遛弯的大爷大妈的喜爱，纷纷夸我："花种得真好！"

这处的岩石花园是难得的一块清爽空间，有着日式庭院的沉静

【东侧院改造岩石花园】

越来越满的庭院，让我迫切需要一块清爽的空间。2020年的夏天，餐厅窗外只有半日照的东侧院被我改成了岩石花园，最里面做了3平方米进入式的工具房，所有的园艺工具都可以收纳进去，再也没有到处都是空花盆的杂乱。搬来几块巨石，黄金麻铺地，缝隙中种下耐寒的蕨类，这里的色调只有绿白黄，开白花的玉兰、'无敌贝拉安娜'绣球、白木香、山梅花、溲疏'罗切斯特的荣耀'、夏雪草、白菀，连风铃、鸢尾、耧斗菜、铁线莲也都是白花品种。还有金色叶片的土当归、三季叶片颜色都不同、形态各异的三棵日本小红枫，在大连也能过冬的南天竹在这里也有一席之地。五年前靠边种下的不知道名字的紫红色铁线莲和忍冬'京红九'，早已经适应了这个地方，每年从春到秋都在半空中蓬勃地开着花。在种花的过程中越来越敬畏生命的我，便默许了它们作为特殊的存在。

我严格克制自己的种植欲望，保证这里疏落有致，渐渐地，这里成了我俩最喜欢的地方，有着日式庭院的沉静，不论心里多毛躁，走到这，便立刻安静下来。坐在餐厅，看雨中窗外浓得化不开的绿，深秋欣赏小鸟啄食柿子树上金黄的果实，一切都是温暖又宁静。

如婚礼现场一般梦幻的花园

诗意谋爱、烟火谋生

花草是夫妻关系最好的黏合剂。刚开始栽花的时候，老公并不是很感兴趣，他只是不忍心看我汗流浃背地挖坑、起早贪黑地施肥浇水，过来帮忙的时候总免不了埋怨我："栽得太多啦！"浇水的时候不情不愿地背诵着："月季喜欢水，天竺葵不能浇太多，牡丹怕烂根……"

渐渐地，埋怨越来越少，主意越出越多。邻居们笑他挖出了全天下最标准的坑；被我淘汰的已经过了花期、状态不好的盆栽，也被他不抛弃不放弃地浇水施肥而挽救了过来。有爱花的邻居来访，我躲在客厅，听他头头是道地介绍着自家的花草，不用看，那眼角眉梢，一定是自豪而骄傲的。

喜欢花草的人，都是热爱生活并且心态开放的。在建园的过程中，一些兴趣相投的邻居越走越近。我们一起逛花市，互相交换花卉品种，有出门不在家的，大家互相帮着浇水。有小规模的花园基建，我们自己动手，男士们砌墙粘砖，女士们做好了饭菜拿到我家烧烤阳台，用我们众筹的柴火大锅炖一锅芸豆土豆，蒸出各种时令海鲜，烤着羊肉串的炭火，映红了一张张微醺的笑脸。大狗在院子里逡巡，跟莲叶下定居的那只小青蛙较着劲。你家的凳子我家的碗，伴着我们的花园生活，一直在各家的餐桌和院子里流浪。偶尔来访的朋友，总是惊讶地看着不断敲门送美食的邻居，羡慕的神情毫不掩饰地挂在脸上。这一切，像极了韩剧《请回答1988》开头的温馨场面。

当初给自己的院子取名暖庐，可能向往的就是这种诗意谋爱，烟火谋生的生活吧。

无花不欢者的花园人生

图文｜波姐、玛格丽特－颜

主人：波姐
面积：40+80+500 平方米
坐标：辽宁大连

伴着花落花开，花园在四季带着花香的风里，一直慰藉和温暖着我，所以给它取了个名字：暖居小院，愿余生在这里，种花种菜，喝茶看书，如此，简单从容生活。

左页 我心归处，一半诗境花草一半烟火日常的生活

右页 窗台上的组合盆栽

从露台到大花园，越陷越深

说起来种花迄今已经有十八个年头了。最早刚搬家到大连时有个100平方米的露台，一半做了茶室，另一半做了花园，每周工作之余的空闲时间都要去逛花市、买花种花。几年前换了现在的"暖居"，有个500平方米的大院子，还有个小露台和一个下沉式庭院，也算是各种花园场景都体验过了；喜欢的植物也几乎都种了个遍。经过十多年的种植，终于大道至简，我已经不再追求品种的新奇特，或花园的繁花似锦。更在意的是："我心归处"，一半诗意花草一半烟火日常的生活。

其实之前露台种花的十多年，一直都是在摸索中，当时国内的私家花园也刚刚起来，能参考交流的非常少。几个园艺论坛是花友们主要的交流平台，我就到处混迹学习。露台怎么布置更好看？有哪些适合北方露台盆栽的植物？由于地方小，我还尝试着做组合盆栽，也

因此认识了更多志同道合的花友。

真正唤醒我内心深处花园梦的是2015年春天，我带着老妈一起去日本参观了"东京玫瑰展"，展厅里的各种花境组合、杂货小品，让人大开眼界。精致的小庭院曲径通幽，带着乡野气息的自然风花园浑然天成……那些样板花园像是给我打开了新世界的窗口，突然间，我豁然开朗，原来花园可以这么玩！

回来之后，我就着迷了一般，心心念念、欲罢不能，小露台已经不能满足我对花园的需求了，必须要有一个大院子，很大的院子！

寻寻觅觅中，2015年下半年我找到了现在的"暖居"，一层有个入户花园，地下一层客厅外有个下沉式庭院，加上屋后还有一亩多的空地，我可以放开手脚去玩花园，种上各种植物，想想就很美好。

我的秘密花園

左　下沉式花园，这里种了些耐阴植物

右　庭院内侧的木廊架，私密性好，也是客厅的延伸

暖居的露台和下沉式庭院

入户花园约40平方米，位于房子的西北侧，连接着阳光房茶室，这里光照略差，适合种一些耐阴的绣球、玉簪、落新妇、矾根等，都不用太多维护，一年又一年春暖花开时就迎来它们的生机盎然。玉簪美丽的叶丛和点缀着飘逸花絮的落新妇，相映成趣。我最爱在夕阳西下的时候坐在这里喝茶发呆，一缕黄昏的光照进来，格外安逸。

下沉式庭院稍大一些，约80平方米。周围是高大的围墙，这里私密性很好，又连接着客厅，这处庭院更像是客厅的户外部分，像是家的延伸。

庭院的内侧靠墙的位置我搭建了木廊架休憩区，摆放了宽敞的户外桌椅，更像是个户外茶室，和花草自然一起，喝茶也伴着鸟语花香。这一处的地面用地砖铺设抬高了一级，不仅干净独立，也形成空间错层的视觉感。靠墙的位置砌了欧式的壁炉做装饰，两侧分别种了'魔幻月光'大花绣球，在这个位置长得很好。

左页 日本小红砖砌的双层错落的花池

右页上 形状各异的石块路，一些动物摆件，使这个园子充满生命力

因为这个庭院实际上是建在地下车库的上方，土层厚度有限，所以干脆把这里当露台来设计。靠墙用日本小红砖砌了双层错落的花池，地面没有裸土，使用了透气透水的灰色火山岩板，搭配碎石子做铺面。几丛过路黄、玉簪点缀在上面，立刻让地面也有了生命力。

中间位置，还用红砖围了一个圆形的中岛区，白色奖杯状欧式古典花盆，和旁边的罗马柱、莱姆石壁炉、喷泉等风格一致，非常协调。简单搭配玉簪、矾根、耧斗菜等北方也可以过冬的宿根植物，效果就出来了。

西南角最大的花池里种了一棵欧洲木绣球，它能扛过大连的寒冷。每年春天看着它一点点花芽膨大，变成满树绿色的花球，随着天气暖和，绿色渐渐转成满树的白色，总是让人心动不已。因为下沉式空间光照的关系，花池里种了相对耐阴的绣球。'夏洛特夫人'和'自由精神'月季霸占了院子里阳光最好的位置，很快它们就爬上了窗前半圆的铁艺花架。

除了被白雪覆盖的冬日，每个季节，我都会买些应季的草花填充在花坛里，或者用好看的花盆种下，错落着搭配布置，只为养眼，当我坐在客厅的沙发时，一抬眼就能看到院子里花儿灿烂盛开；也为"爱在暖居"的日子，不辜负每个花开的季节。

三　大花园，种花大手笔

在厨房外侧，还有个"后花园"，地面铺碎石路面，镶嵌红砖。外侧的山坡种了果树，靠建筑一侧的狭长空地则利用起来，在路的两侧分别以围墙和高栅栏做背景，做了长花境区。整体上属于散养耐活、低维护风格，每年根据植物的状态微调一下即可。

加起来总长有上百米，由风格不同的几段构成。

利用铁栅栏攀缘，是30多米的欧洲月季花墙及宿根花境组合。

三条各有十多米长的绣球花路，分别种了无尽夏、圆锥绣球'石灰灯'和花期特别长的'安娜贝拉'。绣球比较适合大连的气候，能长很大开很多花，养护也简单。

最重点是靠近厨房的一条约35米长的宿根花境，我花了三年时间精心布置搭配，按照植物的成株高矮、开花时节搭配种植，配以红陶罐点缀。现在已经渐渐成熟，一步一景，随着花开时节的不同，呈现的景致也各不相同。

绣球　　　　玉簪　　　　乔木绣球　　　　鸢尾　　　　月季

厨房外侧的"后花园"，有30多米的欧洲月季花墙

【长花境植物清单】

骨架树有：枫树、樱花、欧洲木绣球；

灌木搭配：喷雪花、溲疏雪樱花、重瓣绣线菊、花叶锦带；穿插铁线莲、灌木月季(品种：'亚伯拉罕''果冻''门廊''麻姬婶婶''蜂蜜焦糖')、圆锥绣球(品种：'石灰灯''草莓圣代''安娜贝拉''粉色安娜贝拉')；

球根植物：多个品种的几百株百合、德国鸢尾、大花萱草、玉簪；

早春种球类：葡萄风信子、洋水仙、郁金香等是早春最先发芽开花的；

适合北方的宿根植物：矾根、耧斗菜、落新妇、紫斑风铃'粉卢布'、'章鱼'风铃、'黄二重'风铃、大花飞燕草、海石竹、丹麦风铃草、鼠尾草、蓝盆花、婆婆纳、穗花婆婆纳、松果菊、毛地黄、羽扇豆、蜀葵、吊钟柳、荷兰菊、溲疏'草莓田'等。

花友们都笑称我家小院的大手笔，前后院子共种了300多棵的各类绣球，'安娜贝拉'就种了整整50棵；还有100多棵落新妇和近百棵的铁线莲，宿根植物和应季草花更是数不胜数，有时候几乎每周都在买花种花，总说要收手可一直收不住。

园艺之路无止境，花园主人要一点点地摸索出适合自己的花园风格，无论怎么变化，适合自己的才是最好的，植物也是要不停地更新换代，来保持花园的最好状态。

作为和花境的连接，把厨房外侧的阳台和楼梯做了木廊架，原来的矮墙也改成了木栅栏。老妈最喜欢这里，平日朋友来聊天聚会也多在这里。夏天的早餐，经常全家人坐在这里吃，清晨吹来的风凉爽而微润，携带着院子里花儿的芬芳。

上左　各种爬藤类植物与木架的组合使别墅没那么单调

下左　红陶罐组合盆栽

下右　木质平台休闲区

四 果园、菜园、香草区，一个都不能少

我是无花不欢者，寒冷的冬天暖居里也会摆满鲜花。后院的月季、绣球、各种球根和草花，至少有半年时间为家里源源不断地提供花材，直接丛院子里剪下插花，真正实现了切花自由。

生活不止要有花，还要有水果和蔬菜。

后山坡上种了几十棵果树，从桑树到樱桃，到秋天的柿子，应有尽有。

果树下，用防腐木做了几个1m×1.5m的木框子，填上土做了抬高的菜地，规整有序，也能保持干净。有了这个菜园，花园生活的幸福指数顿时大幅度提升。很多蔬菜又能吃又好看。比如紫甘蓝、大头菜、红根菜、香菜等。

菜地的边上，我种了些宿根的玉簪和鸢尾，让菜园也像个花园的样子。

我还有一小片香草区，就在后院靠近厨房的位置，做饭的时候顺手摘一把最新鲜的薄荷、迷迭香、百里香，做料理或摆盘装饰，都特别赞。

今年，我又在后院增设了一个露台操作区，菜园果园里最新鲜的蔬菜水果直接摘下清洗，做些简单的烹饪。朋友多的时候，后院里的烧烤派对就可以安排起来了。

花园更重要的是生活，人间烟火才最抚慰人心。

伴着花落花开，花园在四季带着花香的风里，一直慰藉和温暖着我，所以给它取了个名字："暖居小院"。愿余生在这里，种花种菜，喝茶看书，如此，简单从容生活。

左页　樱桃、柿子等果树下种了些紫甘蓝、大头菜等，既是菜园也是花园
右页　丰收的时候，辣椒、桃、红菜根、香菜等应有尽有

为她建一座园，四季有花

图文 | 自然、玛格丽特 - 颜

「从乍暖还寒的初春，日光倾泻的盛夏，到岁月静美的秋日，白雪皑皑的冬季，花园四季分明，每个季节都有不同的美景。」

这是自然、大叔在描述他的花园时我特别喜欢的一段。

主人： 自然
面积： 270平方米
坐标： 辽宁大连

明媚鲜艳的花朵竞相开放

四季有花的北方花园

自然的花园里植物非常克制，但是每个季节都有精彩。

春Spring

东北的4月才开始春暖花开，伴着白玉兰的脚步，院里和门前的郁金香、洋水仙等上年种下的球根都绽放了，除了白玉兰，还有很多开花的树：榆叶梅、白山桃、樱花、海棠、迎春花、丁香，在寒冬的蓄势下喷薄怒放。

接着是5月的牡丹、芍药、鸢尾和铁线莲；花园里种的最多的月季要到6月进入盛花期，这时候也是大连最美的季节，满园紫色的猫薄荷、鼠尾草，点缀着耧斗菜可爱的小花，几丛大花葱耀眼夺目。

夏Summer

大连的盛夏和别处不同，很少有酷热闷湿，夜晚也多数很凉爽，无尽夏、百合、天竺葵都开得极好，还有池塘里的睡莲、荷花、千屈菜等，点缀着一池最美的夏天。

爬山虎红色的外衣与红黄相间的枫树　　　　白雪皑皑的冬季花园显得格外低调

秋Autumn

　　彩色是秋天的语言，院子里枫树红黄相间，满墙的爬山虎为建筑披上了红衣裳，菊花也是灿烂缤纷，还有欧洲月季的秋花再一次美丽绽放。

冬Winter

　　在花园里，冬季的表现是含蓄低调的，白雪皑皑覆盖了一切，看似枯寂，却是为了更好的春夏秋三季而酝酿着。

　　室外植物：松柏类、剑麻，还有枫树、蒙古栎、白玉兰等落叶树枝丫伸向天空。

左页 墙上爬满爬山虎，生机勃勃，给夏日带来一缕清凉

右页 入口处的'安吉拉'月季开得正好

室内的开花植物：朱顶红、天竺葵。

布局和种植

花园要呈现美丽的状态，布局合理是非常重要的。

现在的花园是主人自然亲自规划，并和设计师充分沟通后呈现的效果。

房子是西班牙式南欧风格，房檐宽大，外立面是砂岩，主人在外墙种上了满墙的爬山虎。

花园的功能分区非常简练实用，休闲区、种植区、小路的动线、大树骨架的布局，爬山虎围墙、拱门、廊架等的立体视觉，在设计之初就都考虑了进去。

花园在房屋的西侧，北宽南窄，呈倒三角形，南侧的入口铺了硬化的平台，留了花坛，一棵粉色的'安吉拉'月季开得极为茂盛，角落里的熏衣草花环开满浪漫的紫色。

客厅窗外设计了一个涌泉小池，从这里

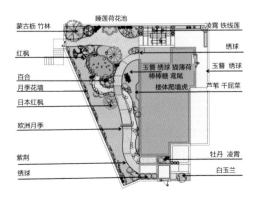

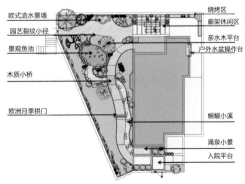

左 园中的锦鲤池，岸边布置天鹅摆件

右 沿着小径冒出些小花小草，活泼可爱

流水沿着小径一旁的火山岩小溪蜿蜒往花园而去，穿过花园小路的拱桥，最终汇入园中的锦鲤池。

花园还有一个后院入口，主人把户外的景观也做了稍许改动，种上了绣球、石竹、菊花等。

沿着台阶而上，进入铁质的栅栏门，这一处是三角形花园空间最宽敞的地方，连接厨房外的门廊。

这里也作为主要的活动空间，背靠欧式的流水景墙，锦鲤池边铺设了亲水木平台，后院靠墙和厨房门廊的连接处做了廊架，布置了桌椅，夏天这里凉风习习，橙色的凌霄花让花园的夜色都变得浪漫了起来。

有一条贯穿整个花园的小径，顺着花园的地势一路走过台阶，穿过欧洲月季拱门，连接到前院的入口。

花园里种植了很多月季，都开得极为茂盛，花量大、花朵大、色彩艳丽！枝干甚至能有手臂粗细，实在长得太好了。

为了打造这面月季花墙，主人把20多米长的实心围墙拆除，改造成铁艺栅栏，这样有利于藤本月季的采光通风和牵引横拉。

每年的6月，整个栅栏开满了各色的藤本月季，墙内种花墙外香，经过的邻居都被美呆了，很多邻居上门讨教经验，主人也不吝赐教。小区一路可以看到很多家围墙都学习着做了改造，种上了各色的花儿。

【自然月季种植窍门：每年马粪施肥，灌木月季需要狠剪，藤本月季则牵引枝条，剪除细弱枝。】

开得极为茂盛、花量大、花朵大、色彩艳丽的藤本月季

理工男的花园情结

花园的主人自然，其实是个名副其实的理工男，毕业于同济大学机械专业，后来在德国工作旅居十三年，最后和夫人一起回国定居大连。

无论是从小受"爱花成痴"的父亲的影响，还是受欧洲大街小巷都开满花的熏陶，自然一直都深爱园艺。他还找机会拜访了世界很多著名的花园，像荷兰的库肯霍夫花园，法国凡尔赛花园、莫奈花园、奥地利米拉贝尔花园、加拿大维多利亚布查德花园、西班牙格内拉里弗花园、澳大利亚皇家植物园、美国洛杉矶亨廷顿植物园、摩纳哥热带植物园、日本京成玫瑰园等，这些经历都潜移默化地影响着他对于园艺的理解和热爱。

夫人和孩子在他的影响下也都爱上了这样的花园生活，闲暇时和亲戚朋友一起烧烤派对，夫人的姐姐是花艺师，在花园里剪下花材插花，布置在家里各处，屋里屋外都美好着。

室内部分也是自然亲自介入设计，花园其实是有坡度的，北侧的活动区和厨房相邻，透过侧面操作台的窗户可以看到满园春色。

南侧入口进入一层室内客厅，后面也有个巨大的厨房+餐厅，在底层厨房的正上方，当白雪覆盖了整个花园的寒冷冬季，这里依旧阳光明媚。东北的暖气让这里温暖如春，自然在外侧的封闭阳台上种了很多天竺葵、朱顶红等冬天暖房里开花的植物。

"每个季节都要有花相伴，你会发现世间很美好。"

一个理工男如此说，且完全发自内心。

他说："当你找到真正的热爱时，心态会回归孩童般的快乐。"

左页 花园里苍葱青翠，花儿娇艳

右页 不仅园中花团锦簇，屋内落地窗边也毫不逊色

编者

拜访自然花园的那天下着雨，6月的北方花园里苍葱青翠，花儿娇艳。主人特地给我们准备了丰盛的晚餐：海鲜、烤羊排、比萨……丰盛极了！

自然和夫人也是美食高手，看他们的两个厨房就知道了。

席间听到了自然和夫人说起他们初中开始就恋爱的故事，考上了不同的大学，再出国回国，两个人一直都没有分开过，几十年相敬如宾。他们看彼此的眼神都是笑盈盈的爱意。

我突然泪眼婆娑，原来人世间竟然还有如此爱情！

那一刻，我也突然明白了自然如此用心打造四季花园的原因：

因为爱，一切看着都是美好的！

我的秘密花园

灵魂深院　独处安好

图文 | 王俐

主人：王俐
面积：200 平方米
坐标：辽宁大连

盛夏的夜晚，朋友们穿着我设计的衣服，在我设计的花园里畅谈，一旁还有小乐队伴奏，星空灿烂，如此时光，睡觉都觉得是浪费呢。

一切都是最好的安排

从事服装个性定制二十六年，经常去米兰、法国等欧洲国家学习考察，那些风景如画的欧洲小镇、风情各异的家家小院让我念念不忘，什么时候我也能拥有一个自己的小花园呢？

2010年，我们家买下了带大院子的一楼，那时大家还都热衷于采光好的高楼层，我家先生也喜欢一楼，他说一楼接地气，我当时对接地气没有概念，而今想想能成为园艺设计师便是因为"接地气"吧。同年，我的第二个孩子在这里出生，开头几年比较忙碌。终于有些空，我开始建设自己的花园。

当时有朋友告诫说："花园梦南方可以实现，北方只有半年温暖气候不可能实现。"为此不服气的我开始大量学习，泡花草论坛了解植物的习性；去全国各地花园参观；找行业最权威的机构培训；我还特地去日本深造，拜访知名的造园大师，跟他学习造园。

小区绿化带设计是韩国开发商，建造时有位韩国老先生天天在院子里造景，给我家门前种了几棵大树，还留下来几块大的野山石。有时自己偷偷在想，估计那位老先生知道未来N年后这家会诞生一位造园师而刻意安排的吧。

森系自然风花园

我的花园是"S"形，面积约200平方米，我给自己的定位是森系自然风的花园。

目前我的花园已经5岁了，我想也是因为我有服装设计的美学思想及色彩认知，花园从开始的架构就比较合理，除了偶尔局部花草微调，几乎没怎么改动。

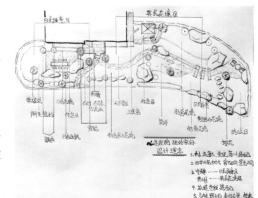

【休闲区】

休闲区设置在房门口，以便来回进屋取东西方便。休闲区安静，有大树遮阴，因此不需要搭廊架，我的理念是尽可能少的人工，不破坏自然界的美好。

花草以素雅的白色点缀宁静的思绪。一棵日本红枫和两棵高大的银杏树，在常绿的树木中变化它们不同季节色彩的着装。

【花境区】

这里由几棵小区原本的雪松和银杏做了架构，我把枝条修到顶端，以便树下的花境能得到充足的光照。花境分为粉紫色花境和桔橘黄色花境。有了夏的色彩又有秋的色彩，春天是各种开满花的树，它们落幕后又灌木和草本花卉次第盛开，直到11月底，大丽花和变色的圆锥绣球落幕，之后北方进入长达四个月的寒冬。

因为长时间的休眠和养精蓄锐，又因北方光照充足，第二年欧洲月季爆开那真是惊艳群芳。当你真正了解适合北方的植物后，你才知道我们居住的城市太适合植物生长了。夏季30°C高温就几天，冬季最低气温-15°C左右，大雪给植物盖上了厚厚的棉被。四季分明的海洋气候，全年光照充足，对植物的生长那是不可缺失的。

"S"形的小径使花园显得更加生动有趣,弯道处的植物将下一处景观遮挡,不让人一眼望穿

【造园思路】

在建造花园的理念里,"S"形"U"形"L"形都是很好造花园的。只有方方正正的"口"形院子很难,需要人为的打破这地形才能把院子造得生动有趣。

花园要一步一景,而不是一眼望穿。区域划分更重要,如果没有花园生活经验和对植物色彩习性了解的人来说,后期就是不断折腾和

出力。架构的建立就如人的骨架,才能后期不断的填肉(花草)。

根据花草的色彩搭配以及植株最终状态来进行栽种,这样院子就有看点,以后再买来的花草就知道往哪里安放。而不是哪里有空隙就填缝。

三 成为花园设计师

因为经常在朋友圈分享花园生活，渐渐地引来了大量的粉丝，每天都有花友加入我的朋友圈，很多花友不满足自己的院子状态，来找我设计花园。没想到，做了多年的服装设计师，我竟然又成为了一个花园设计师，可以帮别人实现花园梦了。

我设计的每一座花园风格都不一样，因为风格要反映园主的品位与文化，还要考虑周围建筑的环境协调。

每次造园，我都会和园主一起参与，感受造园过程，和他们分享花境构图、植物色彩搭配、植物品种习性、树木修剪，如何挑选形态美的植物等等园艺知识，一起学习，提高审美，热爱生活。特别希望我们北方的花园也越来越美丽。

此时，独坐院中，仰望星空，悠扬的乐曲回荡在耳边，慢慢品味自己的作品，感受花园的灵魂所在，独处安好！

左页上　过道尽头是休闲区
左页下　铁艺拱门上爬满了月季
右页　几处石块、木桩的点缀，增加了花园的趣味

山居秋暝乡村花园民宿
主人：王俐
面积：8亩
坐标：辽宁大连

山居秋暝，庄河山村里的花园民宿

图文｜王俐、玛格丽特·颜

空山新雨后，天气晚来秋，
明月松间照，清泉石上流。

与附近山庄居民不同风格的民宿

对诗人王维辋川别业的向往与追随，她用"山居秋暝"来作为这座花园民宿的名称。

民宿位于大连庄河市歇马山脚下，距离大连170公里，这里也被称为"北方小桂林"，群山环抱，树木葱郁，溪水从山石间流淌而下，清澈明亮。

路边民宿的入口，映入眼帘是黑瓦白墙上一树彩色的槭树，斜影婆娑别具一格的"山居秋暝"字样，和附近的山庄民居完全是两种风格。

路的一侧就是溪涧，到民宿旁汇合成一汪清凉的山潭水，横跨溪流的桥也是特别设计建造的。穿过小桥，一侧是停车场，沿着花园之路向上，才进入山居秋暝的院落。

院落因着地势，分为上院和下院。

下院是最开始建设的，典型北方三合院的风格，入口门廊进入，一堵玄关矮墙，两边都

水井与一些园林小品布置于入口处

树干搭建的原生态廊架

可以走进，中心是非常方正的院落，三侧由走廊连接的平房，设了几个带独立卫浴的房间。

房间的布置非常特别，王俐把新中式元素融进古典建筑里，每一细节都有巧妙之处。

花园非常简约克制，除了入口的景墙处布置了小景，院子里是宽敞的草坪，大树、灌木，点缀着芍药、绣线菊等植物。

上　清晨，民宿的管家正在给植物浇水。

下　山坡上的栏杆都是用山里的枯树做的，刷了白漆。

院外平台上用树干搭建了原生态风格的廊架，靠墙的一侧是自然风的花境。

上院则是山涧瀑布连接坐落在半山腰的三栋不同风格的木制别墅。围抱在葱郁的丛山树林中。大石块是本来就在山坡上的，王俐巧妙地在高处做了引水渠，水流瀑布层叠而下，穿过石滩，再流入下一层的池塘。

池塘是用山石围出来的，本来想在这里建一个泳池，倒影蓝天白云，后来还是放置了石块，鱼儿们游弋甚欢。

那山那水的呼唤

山居秋暝的建造,是在原有的民宅基础上翻新改建,尽可能就地取材。

房屋建造和庭院摆件上都是搜集当地的老石头老木头重新运用,每一件物品都发挥它的价值,用美学赋予它们的灵魂。也充分展现北方民居的文化特点,南方有小桥流水人家,北方有山石俊美豪放。

大连山居秋暝乡村花园民宿的创始人建造者——王俐,不仅是民宿主理人,还是服装设计师和花园设计师。貌似江南的小女子,其实是土生土长的大连人。

儿时的热爱,决定一生的志向。小时候王俐的愿望是成为服装设计师或是建筑师,因为爱美和独有的创造力,最终选择了服装设计。专业院校毕业后,成立了具有挑战性的个人服装订制工作室,一干就是二十六年。

后来因职业的原因,有机会到欧洲一些国家参观时装周。王俐被国外的小镇、乡村的浪漫及家家户户的花园深深吸引感染。也就从那时候起,内心被自然界的万物所召唤,要过属于自己的田园生活,并且要有山有水有花园,还要有梦的地方。

有了服装的美学基础,以及与生俱来的审美,又具备执行力和创造力,王俐还开始走上了学习建造花园的路途,四年来的学习和实践,无论是设计服装还是设计花园,都融入自己的个性在里面。学习大师们的思想,而不是模仿他人之作,掰开揉碎形成自己思想里的独树一帜。

59

如今民宿越来越多，而"山居秋暝"是东北唯一一家乡野花园特色的民宿，超前的思想源于自己走过的路。

王俐说：那是对儿时姥姥家的山水有独特情感的怀念吧！

从山居到民宿

最开始，这里只是作为家人朋友度假的空间，父母会比较多常驻。因这里的自然环境太美，又介于旅游风景区，每年到这里游玩的客人络绎不绝。也经常有人过来询问有无房间可以住宿。

母亲说："既然房间空着，不如对外给游客住。"

因为母亲这句话，建造三年后，王俐把山居稍许改造了一下，做起了民宿。

没想到，借助天时地利人和，王俐竟然成了东三省第一个做民宿的人。

对外开放后，发现有太多人喜欢这样的生活方式。原来只有山下中式三合院，因来访的客人太多，房间数量有限，便又在山上扩建了欧式别墅和日式木屋，让更多的客人可入住，也满足不同客人的需求。

现在的山居秋暝每年旺季所有的客房就早早被订满了，客人们一住就好几天，在山下潭水撑竹筏、去山里徒步赏景、吃庄河特色的美食，晚上，星空下的烤全羊篝火晚会也是让人流连忘返。

山上扩建的欧式别墅，让更多的客人可以入住，想享与自然共处的生活

回想做民宿的过程，王俐说：这是"无心插柳柳成荫"，然而，机会永远都是给有准备的人。很多人想了，却不一定去做，梦想便永远停留在空想。

如今，不仅拥有了占地8亩的乡野花园民宿，还有市内主城区200多平方米的花园集服装定制和花园设计两项行业的工作室。花园里经常会招待朋友和客人，如果赶上盛花季还会剪一些鲜花赠予朋友。

只要有一颗热爱生活的心，随心而行，不仅收获宽度还有深度。从不放弃学习和考察的机会，不断充实自己的审美和人生价值，也从不随波逐流，才会成就不一样的自己。做自己喜欢的事情，才会坚持，不枉此生。

左页　院中有个大石磨，几盆荷兰菊，平添几分野趣

右页上　草坪上的石凳，路边几簇野花，让清晨从房间走出的客人们满目苍翠

右页下　倚坐在廊架底，远眺青山，近睹草木，怡然自得

用容器堆出的『风之庭院』

难以置信，北方露台可以打造出如此精美绝伦的容器花园

图文｜茗妈　　编辑｜玛格丽特－颜

主人：：茗妈
面积：：北露台20平方米，南露台15平方米
坐标：：辽宁大连

美丽宛如一次和时光多重的相遇，历经七载春秋的茗妈花园，完成了一个众里寻他千百度的美丽过程。它给我美丽＼为我解忧，为我筑起一个更为丰盛的世界，也带我找到久违的纯真和简单。

我有两个露台，面积都很小，入户的北露台20平方米，三层卧室外的南露台15平方米。

上　爬上欧洲月季的拱门

下　空调外挂机做了可移动防腐木台架放置杂货

【南露台】

每个清晨我都像被花开的声音唤醒，推开窗，传来阵阵月季的幽香，阳光温柔，远处群山逶迤。

南露台就在我的卧室窗外，视野开阔，同时也私密幽静。这里是最早打造的。找来耐火砖砌了90厘米高的矮墙；在矮墙上架起130厘米的铁艺拱门，爬上欧洲月季，露台立刻有了高度、立体感；为了视线上通透空间感舒适，矮墙上用铁艺花片做隔断；为了更大利用有限空间，我还给空调外挂机做了一个可移动防腐木台架，上面可以放植物放杂货，为了不影响散热，正面用木铁结合设计。造园的过程中我发现自己的潜能，油工、木工、瓦工无所不能，春天成功把防腐木重新漆刷成做旧的蓝绿色。

上 爬满铁线莲的铁艺拱门
中 一桌一椅，一个杂货柜、杂货架

【北露台】

北露台花园就在我厨房的窗外，也是入户花园，是我每天经过最多的地方，这里只有3~5个小时的日照，反而更适合植物的生长。

造园伊始，我在入口处定制了铁艺拱门；跟邻居家相邻的位置做了一个防腐木墙镶嵌铁艺花片；从室内引出水管，选择用红陶做水柱。北露台花园和室内连接的部分还有一个入户门廊，有四级台阶的落差，布置了一桌一椅，一个杂货柜、杂货架，我喜欢坐在这里，看着花园。

因为北露台面积小，又摆满了花草植物，休闲空间就受了局限，我用了一个可折叠的户外桌椅，平时收起来不占用空间，朋友来时打开，剪下的花草插花，坐在这里和志同道合的花友们喝茶聊天，风儿吹来花的阵阵清香，不亦乐乎！

左 最早做的铁艺"茗妈花园"牌子，如今它掩映在花丛中己锈迹斑驳，那是岁月的痕迹

右 花园里"大高个"线形植物，增加花园立体感，随风摆动婀娜多姿，更显灵动

大型改造当时几天就完工了。细小的局部改造从没间断，南露台换旧枕木做水管柱，北露台安装青蛙王子缠绕水管架……2019年7月，去北海道拜访上野砂由纪的"风之庭院"和"上野农场"，那里的宿根花园错落有致，色彩搭配和谐，清新自然，让人印象深刻。回来后在露台外侧的通道边，我尝试用盆栽打造宿根花境。

【宿根花境】以白色或紫色为主调，高处垫起，顺势而下，错落有致。效果非常好，行走其中犹如走在小时候开满野花的田野上。细碎的小花们安静地开着，温柔到你的心底。

露台上的容器花园

露台花园也是容器花园，最大的优势是可以灵活机动，高低可以调整，色彩可以调整，开败的可以挪走；可以根据花期不断变换搭配场景，常常带来意外的惊喜。

我喜欢红陶、做旧白陶、马口铁、藤筐等一些自然风格容器，它属于大地色系，经久耐看，高低错落的堆叠，既是点缀亦是风景。

每年我都会做不同风格的组合盆栽，今年最得意的作品做旧铁杯搭配上"高级色"的植物，透出满满的精致感。

TIPS：

选择苗情大小一致，花期相同，习性相近的植物，种植的时候注意手法造型。

我的秘密花园

【露台空间布置技巧】

1. 巧用墙面、栏杆甚至雨水管，能让方寸之地平添很多妙趣横生的空间，丰富花园内容。

2. 掌控植物的株型，颜色尽量控制在白色、紫色、绿色等素雅色系。

3. 杂货的运用，我收集了很多杂货，出去旅行时我最爱逛的就是园艺超市，看到喜欢的总是忍不住要背回来。有从荷兰背回来的青蛙王子，切尔西花展上的园艺工具，有东京玫瑰展上带回来的风铃、红陶胖嘟嘟的小鸡，铸铁"欢迎"牌......这些杂货与植物的和谐搭配让花园有温度有内容有故事。

4. 花园里干净整洁无残花。

5. 一座好的花园应该一年四季都不寂寞，植物配置要考虑到春天、夏天一直到秋天，即使色彩单调的冬季，我会在红陶盆里种上羽衣甘蓝、窄口大陶罐插上枯萎的树枝，院子里堆放大南瓜，让冬天冷寂的院子也变得温暖。

隆冬时节大雪纷飞，花园像一个洁白的童话世界，萌宠们在雪堆里憨态可掬，植物开始沉睡，静待春风再起

对花草，像孩子一样爱它

花友最常问我"你盆栽的花怎么养的那么好？"对花草，我像孩子一样爱它。

花园里有一棵"网红"无尽夏，未经调色自然成蓝

绣球、月季、铁线莲冬季必须保护，挡风非常重要，一般不修剪就包起来，穿上厚厚的"衣服"抵御严寒。气温回暖到零度左右时就可以打开透气了。早春萌芽后修剪，如果有抽干冻伤的枝条也可以剪掉。

我还在网上订购了可拆卸塑料棚，可以搬动的绣球月季及一些宿根草花会包裹后再放进去。棚里我用"绿刻度"温湿度监控系统，手机端时时监控，根据气温白天开窗保持通风。基本上整个冬季补水一次，清明前后再根据气温及时拆棚，避免花期提前。

【绣球】

北露台半日照极适合种植绣球，只要给足水几乎没有病虫害。欧洲木绣球是早春开花，颜色由葱绿变洁白，长势快很容易成"大树"，花量大气场足。大花绣球从盛夏一直开到深秋，颜色也随着季节不断变幻，从初开到最后染上秋色。品种有'魔幻珊瑚''万华镜''水晶绒球''玫红妈妈''平顶绣球塔贝'无尽夏。

姿态优美的小花型月季，清丽雅致，更添一份
岁月静好的光景

【月季】

　　月季主要种在南露台，最早追求爆花的
热闹，现在反而喜欢姿态摇曳的小花型月季，
有时候寥寥几朵却姿态优美有意境。喜欢清清
爽爽的色调，白色、紫色、做旧色等，还有会
变色的'果汁阳台'，初开为橙色，然后一点
点褪色，变成柔和古典的白色。杯状花型且丰
花，单朵花期长，多季节开花。

　　推荐盆栽品种：'天方夜谭''蓝色物
语''蓝色风暴''蓝色阴雨''萨菲''荷
兰老人''灰色骑士''熏衣草艾丽丝''白
米农''杰奎琳杜普蕾'。

【铁线莲】

铁线莲占据空间小，深得我喜爱。看爬满铁艺裙子的'包查德伯爵夫人''索利纳'攀爬能力强，花量大，摇曳生姿。还有'紫铃铛'和'樱桃唇'，精灵可爱，像一串串小风铃。

TIPS：

早春防护打开后再修剪，最饱满的芽点以上都剪掉。

美丽宛如一次和时光多重的相遇，历经七载春秋的茗妈花园，完成了一个众里寻他千百度的美丽过程。它给我美丽为我解忧，为我筑起一个更为丰盛的世界，也带我找到久违的纯真和简单。

紫气东来，
一座中式禅意和英式自然风结合的花园

图文|玛格丽特－颜

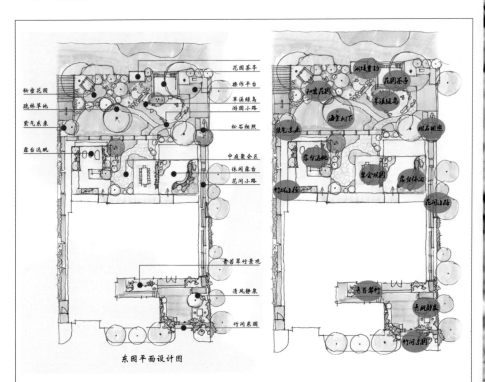

东园平面设计图

"高山仰止，景行景止"。东园是内敛沉静的，也是大气从容的。

读一座园，学习造园的精粹，感受追求极致的花园态度。

主人：刘女士夫妇
面积：700平方米
坐标：北京

右页　石凳石块与几丛竹营造的清净之所
左页　玻璃门外的一隅小景

【北院】

　　主人喜欢老物件，在造园之前就从老家收集了很多，石板用作地面的铺设，石凳石块布置在北院入户，只一棵树、几丛竹，如遗世独立的一处清净之所。石臼搭配竹筒做了小水景，一片静逸中潺潺流水声如丝竹般悦耳。

【过道】

　　连接前院的走廊比较狭窄，地面用碎石和石板镶拼，旁边种上了月季，明亮的色彩让这一处的幽静变得不那么单调。

　　如果注意细节，你会发现围栏边还有水槽连接北院的水景。

　　过道的尽头有一棵黑松小景，承接了过道和园中主体部分的过渡。过道上看是一种景色，走过去才发现别有洞天、豁然开朗。原来，此处藏了这么美妙的一处院子。

上　月季花墙与石块拼接的过道

下　过道尽头的黑松

左页　雨后的小径，所有的枝叶花果与石板路被洗涤如新
右页上　东园的主花园区，其叶菁菁

【南院】

园中有一块石头的牌匾，上书四个大字"紫气东来"。这个园子便叫作了"东园"。

南院面积最大，也是东园的主花园区，这里其实是两种风格的融合。

步入过道后的西侧，偏禅意风，以青石为旱溪，草坪铺缓坡，搭配石板小路，几棵造型优美的黑松是禅意花园的点睛之笔。

这个园子的景观极好，花园就对着小区的中心景观湖。

将外面的风景纳入自家的花园里，是很多花园设计时忽略的。我们常常用绿篱或围栏把外面隔开，把自家花园严严实实地包裹了起来。虽然营造了自己的私密空间，但放弃了更大的自然。

东园的设计充分利用地形，视觉上把公共的景观变成了花园的一部分，背景无限延伸，你会觉得园子远不止几百平方米大。另一方面又巧妙地拥有花园的围合感和私密性。

有疏有密、有开有合、有进有退，南院边界的处理实在非常精妙。

保留原有的几棵大柳树，摇漾悬垂的枝条，是自然赠与我们的变色门帘。

中间视野开阔，依着临水的坡度，设计成错落的两层，稍高处的边界种上了灌木做了一定的遮挡，湖中木栈道上经过的路人只能看到景观边缘的灌木，而无法窥探到花园的样貌。茶庭旁侧的石板台阶，通往最下层的亲水平台，有不大的水面与外侧的木栈道隔开。最大限度地把花园外的景观不着痕迹地和自家花园融在了一起。

东南角依着大柳树搭建了挑高的木亭台，这是为女儿特地布置的"树屋"。

灰色系和整体风格非常协调，靠邻居家围墙侧还有同色系的工具房和杂物区。

旱溪小景搭配石块和灌木，草坪随之延伸。巧妙地过渡到这一处的英式自然风花境。

这里植物也相对茂盛错落，有爬藤的月季，也有盛开的桃花，搭配不同季节开花的宿根花卉婉约着绽放着最美的色彩。

从屋内厨房的全开合落地大窗望出去，这一处花园也最自然随性，带着生活的温度。

西南角因为大树的围合相对隐秘阴凉，这里做了户外料理台活动区，一旁就是凉亭。可以三两好友闲坐凉亭，赏湖景喝茶；亦可呼朋唤友在园子里烧烤派对。可静可动！

而禅意景观于此，是起始，也是中心。从这里看出去，整个家和园子一览无余。

园中的几棵大树位置也都相得益彰、恰到好处。

花园的石头铺路充满趣味，像是拼图，留有小的缝隙，小草就从夹缝中探出。

园中靠房子的中间内侧还有一处休闲区，其实算作客厅的延伸，一旁的小花境则是禅意景观的收口，角落一棵枫树，屋旁一棵丛生黑松，花境极简却精致，无论从室内的哪个角度看，都如画一般。

花境边缘铺面种的是极简洁的景天，春天盛开的白色小花，像是朦胧的白雪撒落在小径边缘。因着它的皮实耐旱、低维护的特点可以长时间地保持很好的景观效果。

露台花园上开满鲜艳的花

【露台花园】

　　女主人非常喜欢花草植物，又希望院子精致而不杂乱。这个愿望在二楼卧室外的两个露台花园里实现了。

　　两侧露台上都设计了大花池，花草极尽灿烂，锦带、绣线菊和鼠尾草肆意怒放。

　　早春开花的鸢尾、郁金香、百合等也都会种在这两个花池里。推开卧室的窗户，就可欣赏姹紫嫣红开遍。

　　设计巧妙的是在角落处的小花池里种的是冬青黄杨等绿色的灌木球，以至于我们在一楼的花园完全看不到这里的花团锦簇。像是冷静的外表下隐藏着的内心悸动，于这花园的一角悄悄地露了出来。

编者

　　东园是和平之礼造园机构和女主人充分沟通协调后一点点完善起来的，过程中无数次的碰撞和妥协，一点点细节的推敲，才终于有了这般绿树如茵、精妙绝伦的一座精品花园。

　　也希望这样的造园精神，可以让我们看到更多的美园。

房子是别人的，花园是自己的

图｜玛格丽特－颜　文｜晓蕾、玛格丽特－颜

主人：晓蕾
面积：约 200 平方米
坐标：北京

❶ 休闲区　　　❾ 花架檩条
❷ 茶台　　　　❿ 石砌小景
❸ 入户门　　　⓫ 洗手池
❹ 汀步石　　　⓬ 花园小径
❺ 花境　　　　⓭ 自然水景
❻ 楼梯　　　　⓮ 草坪
❼ 花园入户门　⓯ 秋千
❽ 实顶花架　　⓰ 原管线包饰

"不论我走到哪里，房子虽然不是自己的，但环境是自己的。
家不仅仅是一栋房子，还是一个环境，一个氛围，是心里的一
片土地，一个天空。"

满树繁花悬垂下

———

芷园位于北京的顺义区，房子是租的，2014年，为了孩子上学，晓蕾才搬到了这里。

"我们是夏天6月底看的房子，外面是烈日炎炎，进了龙湖这个小区，绿树成荫，走在小路上很清净，很凉爽，心一下子安静喜乐。"晓蕾非常喜欢这里。

即便是租房，生活也不能将就。晓蕾请房东把房间里的家具都搬走了，换上自己喜欢的家居感觉，窗帘也全部重新换了。户外的花园，晓蕾也特地请了和平之礼设计施工。

她说："不论我走到哪里，房子虽然不是自己的，但环境是自己的。家不仅仅是一栋房子，还是一个环境，一个氛围，是心里的一片土地，一个天空。"

花园入口由红石砖铺出一条小路

二

2014年的芷园还不是花园，只有开发商种的一片草地，墙根有一棵樱花树和三棵海棠，没有其他植物。

现在的芷园花繁叶茂，丰富多彩，早就成了生活的一部分。

芷园分为上下两层，入户的花园区和一个下沉式花园，总面积在200平方米左右。

花园入口的红砖小路，两侧种着耐阴的玉簪。入户大门外侧区域，摆着一套蓝色的桌椅。

走下楼梯的下沉式花园，是主花园区，这里三侧围墙，一侧连接室内，相对私密，光照也很好。

花园连接室内的部分做了休憩区，铺了木平台，一半有顶，不会淋到雨，屋顶上也铺了

左页中 斑驳的汀步，完全融入了花园
右页上 枫树与绣球相对，四季有景可赏

土层，种上了维护简单的景天，不仅美观，也可以给底下的空间降温。廊架旁的网格则种上爬藤月季。

花园里的汀步，不规则的石块，前几年晓蕾涂上了色彩，让整个花园都生动了起来，伴着时间的脚步，现在有些斑驳了，也像是完全融入了花园。

对花园的想法，晓蕾说："我希望花园里春夏秋冬次第花开。"

所以芷园里种植了春天常见的开花植物，例如木瓜海棠、樱花、木绣球、太平花、丁香、锦带、山楂、月季等；夏天开花的绣线菊、无尽夏、'安娜贝拉'、玉簪；秋天开花的菊科植物；而冬季则是蜡梅，花开的时候，满园飘香。花园里还种

了常绿的竹子以及晓蕾最喜爱的枫树。

晓蕾特别欣赏中国古典的园林风格，每一个角度都是立体的、不枯燥的、有趣的。植物高低错落，疏密有致，看似随意生长、野趣横生，实则用心布局、匠心独具。

她还喜欢那种有柔软姿态随风摇曳的灌木。

下沉花园里有一棵枫树，同时出现四种颜色的枫叶，在白墙背景的衬托下真是超级美艳。

那天去的时候，光影恰好，枝条疏影轻斜，映在白墙上。

花园里还专门留出一片地方每年种那些观花的一年生花卉。

三

　　花园里撑着各种颜色的油纸伞，特别打动我。拜访花园的下午，因为隔天大风，伞都收在角落里。

　　这些伞是晓蕾为了给植物遮阴用的，伞柄的位置绑上了竹竿，方便插在土里。

　　晓蕾说："北京的夏季炎热干燥，灼热的阳光下，经常到了中午，那些早上很美的花就被晒得花瓣焦脆。连月季这样特别强健的爱阳光的都撑不住，更别提绣球，巨大的花球一下子全都耷拉头。另外太强的光照对日本枫也是巨大考验，叶子会被烤焦，一碰就成了碎片。"

　　于是晓蕾想着给植物们架伞遮阴。

　　一开始她在花园里架了几把平时用的雨伞，但是雨伞的把手一般是弯的，不好固定，只能撑开后斜着放在地上，太阳转了角度之后就遮不住了。而且有些花比较高，雨伞把手不够长，就没法操作了。

　　一次突发奇想，想到了江南烟雨蒙蒙，想到了街上撑起的油纸伞。网上一搜，果然有。晓蕾便买了各种尺寸、各种颜色的油纸伞。高高低低地给那些怕晒的植物们都打上伞，状态都好多了。意外收获是，这些伞撑在花园里，平添了几分错落，几分精致，花园也更鲜活了起来。

　　我觉得，但凡会给植物打伞的园丁，一定是真爱。因为你在意植物的感受、状态。不只是给它们浇水施肥就够了。

四

入住七年来，芷园也在不断改造中。

晓蕾几乎每年都会对花园进行调整，去掉那些长势不好的，或者太密集的植物。另外也会根据色彩做调整，晓蕾喜欢淡雅的，带着仙气的色调。

去年隔壁的邻居改造花园，跟晓蕾商量，把原来隔在中间的黄杨丛拆掉，改成了一块白色木屏风。这下一层的花园扩出很大地方。晓蕾也趁机把这里和一层的花园做了改造。

正好有两棵日本枫，便在这里设计了和风风格。

用白色碎石子铺地，调以无尽夏的粉色蓝色。三棵日本枫做主要背景，原有的两棵大红枫和一些白色浅粉色月季则作为调色。

右页二 楼梯拐角处，一棵粉色的'安吉拉'月季，花瓣落在地面，底下是一簇白色小花的灌木月季，搭配着矾根和铺地的过路黄

右页三 在白色木屏风的衬托下，花园简洁雅致，枫树和花都显得更美了

右页四 一层的花园，最开始这里做了水池，后来改成了旱溪花境

左页　如静止水面，如花花草草，让我们停下脚步感受生活

右页　枫树上点缀一些装饰

五

晓蕾给花园取名叫"芷园"。

芷：草字头下一个止，意为停步，就是花花草草让人停下了脚步。

这是一个快节奏压力大的时代，我们总是匆匆忙忙，为工作为房子为孩子……拼命努力，似乎慢一秒，我们就被社会淘汰。不知不觉，我们忘了自己，忘了初心，离生活本真越来越远。是时候让花园，让花花草草止住我们奔波的脚步，慢下来，安静下来。

晓蕾说："我每日都拿个花剪到处走走，看见哪里枯萎了就剪剪，哪里徒长了也剪剪，哪里叶子太密了，也下剪疏枝。"花园虽小，却每日看到生生灭灭，变化无常。

人生何尝不是如此，就像这个花园，多少生生灭灭，自己的念头生灭，事情发生结束，人来来去去。

不用前世今生和来世，这一世就看见不停轮回了。

而对自己的人生，像修剪花园一样，心里有把剪子，也在不停剪断和修正。

是如此呢！

把花园交给自然吧

图文｜玛格丽特－颜、橘子妈

花园里蕴含着自然大道，生命的真理。

花园也像个小世界，有秩序、有原则，也有混乱和平衡。

当你真正理解花园，理解花园对我们生活的意义，一切豁然开朗。

主人：橘子妈
面积：110平方米
坐标：北京

周末的第二居所花园

如果没有时间打理，或者只能每个周末去一次，你的花园会怎样？

第二居所花园这个词我还是第一次听到。对于很多上班族来说，每天通勤的时间一定程度上决定了生活的质量，再加上孩子上学，生活快捷便利等因素，让我们不得不居住在热闹的城区。拥挤的城市里同时拥有一个花园，实在是太难了。所以很多家庭会在郊区买个房子，每个周末和家人孩子一起去度假也是休憩。

北京的橘子妈是十多年前藏花阁的老花友了，按她的话说："种花已经风轻云淡，成了生活的一部分。"

周末有空就去种种花，有朋友来也会去花园里聚聚，却不再被花园牵绊或影响。

左页上　盛放的白牡丹
左页下　沿着廊架攀缘的铁线莲
右页　　廊架下的野性景观

把花园交给自然

汀步的圆木板旁不知何时有芹菜在此落了户

橘园并不大，布局非常简约。

客厅出去青砖铺面加靠墙的花境，西侧台阶上去木平台加紫藤廊架；中心花园区开阔，有花境、花架、摇椅木凳、园中小路，甚至还有个小水景，真是麻雀虽小五脏俱全。

木平台上的空间摆放了户外桌椅，和邻居间就用不高的木栅栏相隔。

廊架上春天的时候紫藤挂满，特别美。

旁边还有一棵巨大的牡丹，开满花的时候，橘子妈总是会请朋友一起来赏花，不错过每一个盛开的花季。

花园里的植物也是经过了很多年的自然选择和淘汰。

大自然循着自己的原则，为橘子妈的花园提供了一份特殊的清单。

花园中的草坪是垂盆草和蛇莓组成的，都

架上的紫藤开得正好，与牡丹争妍

匍匐生长，非常耐旱，几乎不需要修剪。春天
垂盆草会开满黄色的花，之后，就有蛇莓的红
色小果子点缀着。其实到了初冬，蛇莓的叶子
变成褐红色，也极为好看。

　　做汀步的圆木板旁，还有些芹菜，也不知
道何时在花园里落了户，鲜嫩可爱，长高了还
可以掐下炒了吃，天然生长的味道很不错。

　　一些开花的宿根花卉也在这里寻了合适

的位置，野蛮生长，像松果菊、荷兰菊、老鹳草、风铃草、熏衣草等，各自有着属于自己的花季。

橘园里的植物品种非常丰富，不经意布置，却高低错落，充分利用花园的每个空间。

最关键是极低的维护，能长久保持状态。你可以在这里看到一个养花十几年的老花友的功力。

树和灌木掩映的角落里，红色花架用来爬金银花和铁线莲。绣球和萱草也长得很好。草坪中间，还有三个一组的红陶罐，最高的里面种了小盼草，已经长出了花序。

花园里还有不少盆栽，都是相对耐旱，顺其自然生长的品种。

不过这样的花园，蚊子会很多，蚊子也是生态的一部分吧，就像小鸟、蚂蚱……不常被人类打搅的橘园，大概是它们的天堂。当然我们在花园里的时候，还是需要请它们临时让一下位。

橘子妈给我们点上了蚊香，点一次管四个小时，几个位置燃上，整个花园便没有了蚊子。

距离橘子妈上次去花园，已经又过了一周了。这一周也没下雨，花园里的植物却状态都不错，自然葱郁。橘子妈说："基本靠天养，夏天太干旱的时候，偶尔还是会中途去补一次水的。但也是极少。"

偶尔也会除草，或者补充些应季的植物。绝大多数时候，花园就交给了自然。

左页上　偶尔当我们在花园时，需要临时请蚊虫让位
右页上　三个红陶罐组合的容器花园景观

确实，花园本来就是属于自然的，属于天地，属于阳光雨露，属于白昼黑夜，也属于风，属于花香，属于花园里每一个生存的或来过的小精灵们。而我们只是花园偶然的到访者，常常自以为是拥有者，可以把控一切。或许，橘子妈这样的云淡风轻，才真正赋予了花园本来的灵气。如同我们在花园里感受到的那种和谐！

后来我们坐在平台上喝茶聊天，说起那么多年对花园的热情，那时候的论坛，大家的交流，以及花园和植物给我们自身带来的感触，渐渐理解花落花开、冬去春来、无常有常！

花园里蕴含着自然大道，生命的真理。花园也像个小世界，有秩序、有原则，也有混乱和平衡。当你真正理解花园，理解花园对我们生活的意义，一切豁然开朗。

当园艺之美的那束光，
撬开生活的缝隙，便有了溪园

图｜溪姐／摆先生／张婷 **文**｜摆先生

主人：溪姐
面积：1 ～ 2 亩
坐标：四川成都

万物自由可爱，见想见的人，做想做的事，
看喜欢的风景，向阳而生。

　　跟大多数人一样，溪姐喜欢在空闲时间追剧，看别人演绎的故事，体会不同的人生。这样的日子在2017年的某一天，因为闯进一个花友群而变得不一样了。为什么别人的生活都是充满鲜花和欢乐，而这样的乐趣又是如此地打动自己。一朵花能美到窒息，一个花园能美到让人日夜念叨。

　　一粒种子的发芽，便是一个想法成熟的开始。园艺的美好敲开了溪姐生活的缝隙，这道缝隙透出一道光，也拉开一种全新的生活方式。

左页　用红砖砌成的置物架上放满了组合盆栽

右页上　临墙而设的休闲区，在清晨或是傍晚闲坐于此感受清新的空气

右页下　颜色淡雅的角堇并排于石板上

月遇从云，长梦初醒
乡下2亩的老宅园子开启生活新频道

在花友群熏陶久了，溪姐不由自主在脑海中构筑梦想花园的样子："要有藤本月季、绣球、铁线莲，要有阳光房草坪，还要能够四季都能拍出美照的场景，三朋四友喝茶聊天，快意生活。"

造园的想法在脑海中不断地拆解重组，直到下单了第一件杂货时，溪姐才意识到："城里的房子只有小小的阳台啊！"

"乡下有一处2亩左右的老宅，应该够你栽花种草。" 先生的这句话一下子解决了溪姐对于造园想法的长久折磨。

老宅远眺龙泉山，邻近田地树林，屋后一条河，屋前约2亩的空地。这样的环境不就是理想的造园之地吗？

自从2017年春天开始老宅园子的改造，溪姐就像是开启了人生另一个频道，每天都充满活力干劲，满颜欢笑，所有空闲时间都扑到了造园和享受花园之中。宁愿每天开车一小时上班也要住到乡下花园来。一砖一瓦，都是自己动手，一花一树都是自己栽种。植物开始填满院子，软装不断升级，精心选择的杂货摆件怎么布置，植物如何搭配，花境的规划如何能在不同的角度有不同的镜头感觉……这些，都在溪姐一点一滴的积累和实践中变得越来越好。

左页 此处布置成杂货风花园，白色的窗格木架既可以放杂货，又可以让月季攀缘其上

右页 沿花境前行，每处景致不尽相同

白昼的光照亮浪漫的生活

　　乡村风格的溪园，没有粗野杂乱的无序，却是精巧搭配的在野之美。整个花园的动线清晰，布局合理，每个场景都各有特色，植物配置和杂货旧物相得益彰。

　　爽朗大气特别爱笑的溪姐，一路给我们介绍着花园：这里怎么会这样布置，那个旧门是哪里来的，哪个位置能拍出好的景致……话语间都是对花园的热爱和骄傲，溪园，就像是她一手带大的孩子，每个角落都伴随着创意和成长的故事。

　　其实，溪园没有专门规划，2亩地的苗圃很大，溪姐从入口开始，一点点改造提升，哪天灵感来了立刻动手就做，花园从最初的200平方米菜地，变成现在处处有景的2亩花园，都是想到哪做到哪的结果。

　　进入花园，入口是休息区，随意摆放了桌椅，草坪上有汀步蜿蜒，步入不同的场景。

　　休憩草坪正对面的主景是一堵红砖墙，灵感来自海蒂花园里那个爬满'龙沙宝石'的月季花墙，木板门是溪姐的创意，刷成白色搭配其中，很出彩。红墙既能起到隔断分区作用，也能为花境提供背景墙，同时也是背面藤本月季墙的支撑。

上　红色枫树柔化了砖墙的坚硬质感。时令草花搭配宿根，随时都能保持花境的状态

下　休息区左手边盖碗茶区

上　爬藤月季似这般都付与断井颓垣

下　泡一碗三花茶，烟火之于浪漫，闲聊炎
炎红尘人生漫漫

　　红砖墙的背面溪姐刷成了蓝色，搭配杏黄
色的'玛格丽特王妃'月季。底下的花池里种
着铁线莲和绣球。

　　其实这个位置还隐藏着一个土灶台，建在
结满百香果的廊架下。在这里，泡一碗盖碗三
花茶，吃一顿柴火烧土鸡，烟火之于浪漫，闲
聊炎炎红尘人生漫漫。这样的布局，接地气也
飘着仙气，才是生活与美园的结合。

　　飘着仙气的还有挂着纱幔的阳光房。

　　为了下雨的时候也有个美好的角落可以欣
赏花园，溪姐把之前太阳伞的位置建了一个阳
光房，这里布置成了杂货风，很多都是溪姐收
集来的宝贝，搭配粉色的藤本月季，满满的少
女浪漫情怀。

鸭儿棚门外种了蕾丝花和鸢尾，窗格后来被溪姐涂成了绿色，春天可以看到窗外菜地金黄色的油菜花。这里也是溪姐最爱的场景之一

右边往里走，靠近小河边的树林里有一座"鸭儿棚棚"。透光的瓦，露出树叶间散落的光，让棚子里布置的杂货意想不到的好看。

有一次邻居送了一堆旧木板来，溪姐便想着做个小棚子，用来堆放难看的杂物。建了一半，发现材料不够了，溪姐灵机一动，到旧货市场化80元淘了个旧窗格。

鸭儿棚建好后，溪姐觉得太好看，反倒舍不得用来放杂货了。

鸭儿棚背面，摆上蓝色的板凳，立刻有了故事场景感，一棵粉色花烟草长得高高的，从窗格探出头来。

三 浪花千重雪，桃李一队春

热情，创意，加极高的行动力，溪姐的花园就这样在她的手里一点点丰满起来，日常在这里帮工的大爷70多岁了，也很给力，溪姐有了想法，安排材料，大爷很迅速地就建了起来。

比如背后的菜地和房子太难看了，溪姐搞来邻居拆房送来的旧砖，几天工夫，一排弧形的红砖矮墙就砌好了，溪姐还设计了高低的透窗，既能攀爬藤本月季，也能让景深延续。

阳光房的位置一侧对着花园，另一侧面对的房子的大门，太难看！溪姐便又加了白色的木栅栏做围挡，镶嵌刷成绿色的旧门板搭建成小景，看似粗犷的搭配，却很有细节。木质门板斑驳的漆色，顶端的鸟窝，摆放盆栽的闲置缝纫机台子。一枝'蓝色阴雨'月季倒垂下来，不仅色彩上呼应门板颜色，在形式上也变得更为灵动。

院子里有一棵巨大的黄桷树，是之前做苗圃时就在这里的，生长特别迅速，枝干粗壮。原来就是堆高的土包包上面铺了假草坪。溪姐一直觉得太丑，又想留着树，某一天突然就有了主意，让大爷用红砖把树坨坨围起来，上面种上植物，铺上沙砾石板，俨然就是个岩石花园的样子了。

好友"幸福的逃兵"是个花园木工达人，溪姐觉得现在的树干很突兀，又来了灵感，请幸福做了个梯子架在树干上，还可以挂些装饰。果然，效果立刻就不一样了。

花园里有很多杂货和老物件，与植物的布置搭配别具创意。这些都是溪姐淘来的心爱宝贝，溪姐说：有一年夏天暴雨，河水漫过河堤冲进院子，她不是开车出门躲避，而是在齐膝深的水里打捞正在漂走的各种杂货物件。

左页　一棵巨大的黄桷树，枝干粗壮，用红砖围起做成岩石花园

右页　花园里很多杂货和老物件，与植物、木栅栏搭配别具创意

溪园让人感动的是每一处的用心。造园材料也都是物尽其用，淘来的旧货在溪姐的手里都变成了花园的美景。

隔壁邻居起初对于溪姐建花园不理解，认为不如种点果树来得实惠，直到看着满园花开，也被溪姐的执著和超强的动手能力所折服。不仅盛赞花园的美，还帮着溪姐在村子里淘各种老物件，从老门板到水槽，从瓦罐到缸子，只要看到有，一定帮着溪姐找回来。这样的改变，不仅仅是对于生活有执著追求的溪姐的认同，更是被溪姐的生活方式所感染。

溪姐太爱她的花园了，她说她每天天一亮就忍不住起床去花园里，到了不得不上班的时间还一步三回头。人在路上，心却丢在花园里了。节假日更是哪儿都不去，舍不得离开她的花园。

把一件事物深爱到骨子里，才成就了我们看到的溪园，那一草一木，每一个角落，都是满溢着爱意啊！

人生幸事莫过于，阅尽繁华沧桑之中年时找到自己真正的热爱，并分享，用自己的快乐感染别人。

花园中的鲜切花可以自给自足，每一天都有不一样的花材摆满各处

溪姐说："杂货和植物搭配是相得益彰的，谁也不是谁的主角。"

小月文的木子园，为了阳光下的花海

图—小月文、玛格丽特—颜　**文**—玛格丽特—颜

种花是辛苦还是幸福？小月文忙前忙后的，说起来却是满溢的快乐。她的生活，因为种花，变得如此丰盛而流光溢彩！

主人： 小月文

面积： 北花园 70 平方米，南花园 90 平方米

坐标： 四川成都

左 市区的小花园里，门廊上的三角梅开满了花

右 和小月文一起庆祝花园的一周岁

迫不及待入住有阳光的院子

小月文的种花历史早在2013年就开始了，那时候还住在市中心，有个60平方米的小花园，种了很多花，那时候的花园就非常美……可是小花园的光照不好，铁线莲、月季、绣球都种不好。

所以小月文一直就梦想有个洒满阳光的花园，阳光、开满花，想要阳光下的花海。

她现在的花园果然是花海，入口两侧的绣球满是花苞，月季开着无数花，'乌托邦'铁线莲开满了整个围墙，各种繁花似锦，让人很难相信一年前这里还是刚开始建设。

小月文说："不是的，搬过来正式住才一年，花园是在2019年3月就开始建设了。"

其实更早，在刚拿到房子钥匙的2018年下半年，她就迫不及待地往这里跑。几乎每周三次，从市区坐车一个多小时，遇到堵车甚至要两个小时。小月文把原来小花园里的月季、绣球，一点点往这里搬。"这里阳光多好呀！"这些月季和绣球很多都种在花园的外面，刚建好的小区绿化还是稀稀拉拉的，能塞的地方她都种下了。现在这些月季已经长成了一面花墙。

巧妙心思自己设计花园

小月文的花园完全是自己设计的，虽然她并没有学过花园设计。

我觉得很多东西是相通的，比如小月文动手能力特别强，喜欢学习、琢磨，她还会自己做衣服，裁剪缝纫，样样精通，几乎从来不用买衣服。

动工前的一年，她先在花园里种菜，阳光和土壤都是不能浪费的。每次去花园，小月文一边种菜，一边就琢磨怎么设计。她还把之前学习搜集的图片反复地看，思路卡住了，再去学习、找案例参考……渐渐地，在她的脑海里，花园的样子越来越清晰了。

她自己画图，哪里是阳光房，哪里做隔断、花池、小路……每天就待在现场，指挥工人。阳光房在什么位置，建多大，她用木棍在地上围出样子，告诉工人怎么做。框架怎么搭，石头怎么铺面，灯布置在哪里，下水口怎么隐藏……每一个细节都是她指导工人操作。

花园里的下水小月文都特地做了隐蔽，她说：南花园有

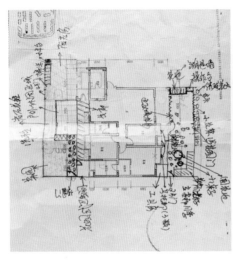

左 一张草图，变成了花园现在的样子

右 花园施工中，很多植物已经率先入住，开满了花

左　刚拿到花园就开始种菜
右　花园外侧各种鲜花竞相开放

三个，北花园还有，连工具房里都安了一个。花园的夜景，灯光的布置，小月文也费了很多心思。

然而刚做了一半，就遇到疫情，房子基建停工。怎么办呢？室内的地板和墙还没装修好，还不能住，小月文就每天住在花园的阳光房里，生怕回到市区的家被隔离出不来，这些种下的花花草草就没人照顾了。

那些被隔离的日子，小月文就在还没建好的花园里忙碌着，种菜养花，琢磨花园的设计，每天老公李先生打盒饭开车给她送过来。必须表扬老李，对小月文做花园特别支持，有时间都会陪着过来，北花园里的小路都是老李亲手铺的。那么花园取名为"木子园"，我想也是对老李最大的肯定吧。

三 开满花的南花园

南花园阳光最好，主要用来种花，按小月文的话说："要开满花，长成花海。"

穿过白色的木栅栏门，便是南花园的空间了。这里小月文设计了三重的蓝色廊架作为花园的通道，不仅视觉通透，廊架和柱子也可以方便爬藤植物攀缘。

连接的角落是本来院子的矮墙，上面做了网格和廊架，让花园空间更具私密性。另一侧白色网格下小月文还设计了一个操作台，整体色系以蓝白为主，瓷砖也是特地找来的。

连接门口的休闲通道，一面白色的栅栏墙又有了变化。

南花园里种了满满的各色各样品种的花，空间的布局非常富有层次，有靠墙的花境，有中心的花坛，角落石子铺地，还布置上一套铁艺桌椅。

边上的围栏也特地刷成绿色，不高不低，既有围合感，也能和外面的景观更好地融合，像是坐在更大花园里的小花园区域。

角落里，小月文还特地设计了一个工具房，刷成了蓝色，在花海里像是童话里的小屋。

南花园木栅栏上盛开的'乌托邦'，是小月文最喜欢的铁线莲，花量极大，是从小花园里带过来的大苗。这些铁线莲，最早都是在虹越买的裸根苗，后来自己扦插。

小月文喜欢把植物从小苗养起，还自己收种子播种，和几个喜欢种花的朋友会经常互相分享，互通有无。

南院的入口，石块铺设的小径，搭配低矮的筋骨草，绣球满头的花苞，等待花开

上　南花园的三重廊架

左下　蓝色木梯上攀缘的"乌托邦"铁线莲

右中　南花园角落里的白色桌椅

右下　南花园外侧，角落蓝白工具房像是童话中的小屋

四　北花园成了大家的后花园

北花园面积要大一些，做了一个阳光房，还留了一大块菜地。本来小月文想在北花园做个水池的，一个花园怎么能没有水呢？风水先生说北花园不能做水池，可是阳光好的南花园怎么能牺牲种花的空间去做水池呢？提起花园没有水池，小月文到现在都还是有些遗憾。

一小块菜地就够一家人日常所需了。不光养花，小月文种菜也是一把好手。在菜园建设之初，她专门找了梅花鹿粪，用来改土和施肥，种菜必须生态和健康。

阳光房及门口留出休闲区域。这里和外侧的公共空间，只有低矮的白色围栏相隔。经过的路人邻居都可以看到花园的美丽。如果想要进来，还有一个像是童话世界里的圆形木门，上面写着"木子园"哦。

楼上的住户和附近的邻居们都非常友好，经常散步时就溜达过来参观，戏称这里是他们的"后花园"，所以从来没有院子里被偷花或丢垃圾之类的事情发生。

上　北花园俯拍

下中　阳光房顶上种的多肉

下左　和菜园隔断的操作台

下右　阳光房门口

左 　北花园的木质长廊

右上 　花园卫生间门口

右下 　花园卫生间内部

　　为了将阳光房的顶上空间也利用起来，小月文还在边上特地设计了楼梯，顶上种满了多肉，不需要太多维护，同时也能为阳光房降温。

　　小月文在北花园靠近木门的角落还专门做了一个花园卫生间，方便朋友和邻居参观花园的时候使用，而不需要进到屋里，打搅到私人空间。小月文的花园卫生间大概是国内唯一的了吧。如果不是地坑上的盖子开着，你根本想象不到这是一个卫生间。地面铺的是卵石，踏脚的石块是她找了很多地方买回来的。墙砖和洗手台也找了很久，墙上窗台上布置了很多植物和装饰。

　　我还非常喜欢北花园里的木质长廊，本来小月文是为了有个晾衣服的地方而设计的。坐这里看花园，尤其下雨的时候，特别安逸，便也被布置了起来。

　　这么多的花草，打理起来也是需要不少功夫。每天小月文很早就起床了，园子巡视一

院子外的月季长成了花墙

圈,看看植物们状态怎样,又有哪些花开了,是不是需要牵引、修剪、打药、换盆……饿了才想起来吃饭,一天很快就过去了。

市区的房子还在,小花园里留了不少植物,时不时还需要去料理下,平时邻居会帮忙浇水。小月文已经退休了,她说以前会和朋友一起打麻将,有了花园以后,麻将再也不摸了。"没得空!也没得空更年期。"小月文开玩笑说,还是一口成都话。

紫雨的幸福花园小窝

图文 — 紫雨、玛格丽特 — 颜

主人：紫雨
面积：1600 平方米
坐标：四川广汉

问："明知道要拆迁，为什么还花钱花时间去改造小院、种那么花？"

紫雨："40 岁之前的我什么都不会，现在的我会画画、会拍照、会花艺、会花境布置……还有五年多和家人一起伴随小窝成长的花园时光。"

紫藤花廊架

爱上种花，40岁时任性一次

父亲走后，这处位于三星堆旁的乡村老宅我们就再也没有回来过，原来的房子成了断壁残垣，野草长满了整个小院。

五年多前，爱上种花的我想着把老房子简单改造下。其实很纠结，害怕还没改造完就被拆迁了。老公说："人难得有一个件想做的事情，现在有条件你就大胆地放手去做吧，不要留遗憾就好！至少你曾经离梦想那么近过。"

于是一个女人在她40岁的时候终于任性了一次！

这个春天，次第怒放的紫藤花、月季、三角梅，铺天盖地从廊架上倾泻而下，经常有朋友过来拜访打卡，站在花树下，随便来一张都是美照。然而，现在小窝面临拆迁，或许很快就不存在了，说不难受是假的！

其实很多人不理解，为什么我们明知道要被拆迁还会花时间和钱去打造？其实我让小窝变美的过程也是让自己变得更好。40岁之前的我什么都不会，46岁的我会画画、会拍照、会花艺、会花境布置……不仅帮朋友做了几个花园，还给当地的市政做了一个示范花境。老公也在改造小窝的过程中锻炼出了各种本领，收获了满满的成就。

三角梅'白雪公主'

一块花田，搭配各色月季和自播草花

蓝雪花也开成了花瀑

花园里所有的木作都是邱先生的作品

亲自动手，改造老院进行时

房子院子都太过破败，面积又大，也因为随时会拆迁的问题，不适合太多的投入。所以一切从简，自己动手。我出主意和种花，邱先生则化身为木匠、瓦工、泥水匠，妈妈帮着打杂，女儿有空时也会搭把手。大的基础建设过程都是在我们下班之后和周末的时间里慢慢磨出来的。

院子里本来有两方池塘，为了能够有更好的规划，花了四个月把院子里面的池塘填满土，把蜡梅、桂花、海棠、银叶金合欢等树木种了下去，算是给花园打下最基本的架构。

顺着原本两方池塘中间的路，搭建了廊架做了一条长花廊，种上紫藤。紫藤长廊的东面，开辟出一块花田，种上各式月季，搭配一些能够自播的草花。

长廊的西面，铺上草坪延伸到院墙，在院墙前种下各种果树，树下摆上邱先生的木作。

草坪的一侧再修建上烧烤台，围绕着烧烤台种下大滨菊和茅草，靠墙摆上木质工具房。

跨过草坪旁边的小径，北面是老水塔，再种棵紫藤爬上斑驳的墙体，老水塔下地势较为低矮，种了一些草花。

顺着小路穿过围墙，便是育苗区，外圈还有一个月季拱门长廊。

池塘南边，是一排老砖墙的旧房子，我想要一个阳光房，邱先生便将旧房子的房顶、窗户改造了，刷上新漆改造成了阳光房。为了让阳光房更有生活气氛，妈妈亲手缝制各种靠垫和坐垫，邱先生找来芦苇做了隔断，邻居家还送来了棉花和干的莲蓬做装饰。俨然这个长条形的阳光房就是一个聚会party的场所了。

阳光房南面我们还开辟一块菜地出来，妈妈就能种一些家里常用的小菜。

三 乡村花园的美丽与心酸

经历五年有余，现在小窝已经变成了花草繁茂的乡村花园，每年也在根据植物生长的情况进行各种调整。

新增了几处木质平台和廊架，让三角梅和紫藤可以覆盖得更远，同时也能在炎炎夏日提供更多的遮阴。

后院育苗区也重新整理，打造一条长长的藤本月季长廊，即使你从小窝旁边路过，也能看到满满花意盎然春景满园。

休闲区和草坪区之间的矮墙上，将蓝雪花盘了上去形成拱门，让炎夏也能看到挂在天上的清凉颜色。

花园的养护也不是一帆风顺的，植物生长总是要靠老天爷赏饭吃的。去年夏天的暴雨，把小窝狠狠地淹了，一些娇气的植物一命归西，而生命力强大的变得更加繁茂。这次水淹，我和邱先生花了几个月的时间才让小窝恢复过来，也正因为有了邱先生的无私陪伴和大力相助才挺过期间的各种辛苦。直到秋末，植物才慢慢恢复理想状态，看着这满园心酸和幸福，我总忍不住对邱先生微笑。

左页　户外活动区
右上　后院育苗区的藤本月季长廊
右下　阳光房里植物长得郁郁葱葱很健康

学习插花，将园中一茬接一茬开不完的花延伸
到餐桌、房间、生活各处

四 幸福小窝，让幸福更多一些

为了能够让这些美从枝头延伸到餐桌、
房间，衍生到生活之中，我学习了插花。将花
朵的美丽具象在一束束捧花、一钵钵桌花上，
裹挟着我对生活的感恩和未来的期待，送给自
己、给爱人、给朋友。

所有的花材都来自小窝的植物，早上巡
园转一圈就能采到带着露水的新鲜花材，不用
担心花材失水，随采随用。心情好、时间够，
那就好好把花泥泡上，认认真真做一组作品，
让创意凝聚在花艺作品之上。如果时间不够，
那就随手找一个合适的花瓶灌上水往里一插，
自然之美总是独特和生动的。每每遇到朋友生
日，我还会在院子里剪一把鲜花包上送过去。

我把这个小院叫做"幸福小窝"，这里每
一株花草、每一件木作和杂货都承载了家人们
的支持与陪伴。每一次的改动都凝聚和记录着
家人们的辛苦付出。

这份付出，就像是每年必定绚烂的紫藤花
一样，让人珍惜也让人回味。

这份付出，就像是每年必定绚烂的紫藤花一样，让人珍惜也让人回味

青城山下古镇上，我的周末花园

图文 | 闫姐

主人：闫姐
面积：花园 70 平方米 +30 平方米露台
坐标：四川青城山

百子莲硕大的蓝紫色花冠带着一丝神秘色彩

从羊角村开始的花园梦

我从小就喜欢花，各种花花，小的时候有个邻居婆婆房前屋后都种的花，太阳花、菊花、大丽花，真的好喜欢。每天种花种草的邻居婆婆气质干干净净，人看起来都是笑眯眯的。

长大了以后，我和先生把家安在成都，住的楼房，阳台也给女儿做了书房。没有地方种花，勉强在窗边装两组花架种上几盆。

忙碌的生活、忙碌的日子，一晃十多年就过去了。

2015年去荷兰看在那里学习的女儿，也特地参观了羊角村，被那里每家每户的花花吸引。心想什么时候我也有个小花园，让我也实现一下小心愿就好了。

一年四季均可开花的月季，无论盆栽还是地栽都能茁壮成长

青城山下的周末花园

先生知道我的念想，他说："要不咱们买个带花园的房子？"

寻寻觅觅许久，终于2018年，在青城山下的街子古镇的味江河畔，我们看中了一处前后分别带55和15平方米小院的房子，以及楼上有个30平方米的小露台。面积不算大，也只能周末去，且当做度假，但从此我有了属于自己真正意义上的花园。

从装修开始我就不停地设想："我的花园会是什么样子？"

要有一家人能休息喝茶聊天发呆的地方，对了，还要有我家小妞妞晒太阳的地方。

我们家有个小泰迪，取名妞妞，我们当小女儿在养，所以我们的小花园就叫妞妞家的花园。妞妞也很喜欢它的花园。

有了花园，喜欢的花草什么都想种下。其实我并不懂应该怎样设计怎样栽种，学习是第一步，翻了很多图片，查看花草的习性。

考虑到一楼园子向西且南面有墙挡住，阳光不是太好，大致定下一楼种无尽夏绣球花和栀子花，这两种花都是散光下可以生长得很好的。

原来的房子是日式设计，我们没有大改动，尽量保持原来的风貌。

中秋月圆之夜，在此赏月品酒嗅花香

【院子】

我们在园子里添了三棵樱花树，开花的时候满树的灿烂。大女儿说："落'樱'缤纷好好看！"

园子西南角下我们还种了棵丹桂，想象中秋月圆时，树影婆娑，一家人在桂花树下品酒吃月饼聊天，闻着桂花的沁香，是多么惬意。

夏日的花园同样熠熠生辉

【露台】

露台的空间面积要大一些，考虑到维护的问题，就沿边的花坛里种了月季花，盆栽主要是多肉。靠墙置了一个廊架，增加空间感和私密性。

中间的空间布置桌椅，花园是用来享受生活的，不是么？

【杂货】

　　花园里还有很多杂货，在网上看到或者旅游时都会买些喜欢的小东西，把它们装饰在我的小花园里，不用花很多钱，花园却因此变得活泼灵动了起来。

各种花园小摆件作为花园的一分子，特别生动有趣

三 在城市与古镇之间自由切换

这个房子属于度假性质的，只有周末和小长假才能去。

虽然成都离青城山街子古镇有近70公里，不堵车也要开一个小时20分钟，但是我每周都想到我的花园去，和花草在一起，我觉得人会简单得多，会很开心。

入住已经一年多了，好朋友也在我家附近买了房子。每周五我们都盼着早点下班，奔到古镇的第二居所，去种花浇水施肥除草。忙忙碌碌却很开心。

清晨我们在小鸟的清脆鸣叫中醒来，闻着花香，迎着朝阳，围着院子散散步，出门看着青山绿水，呼吸着清新的空气，觉得原来生活还可以这样简单且丰富。

今年又把围栏换了，种了很多风车茉莉，期待它春天里爬满围栏，微风吹过时小风车转起，带来微微的轻香，将是多么的心旷神怡啊！

楼上露台又种了棵美人指葡萄，在秋天就有所期盼了。春天花开，秋天果实成熟，金秋十月，和家人一起在葡萄架下吃上自己种的葡萄，喝着淡淡清茶，吃上几块集市上买的点心，拉着家常，生活就该这样吧。

我家花园不大，却是我们心栖息的地方，
是一家人围炉夜话的地方，
是老友来了几个小菜就把酒言欢的地方，
是心爱的妞妞儿和我们一起晒太阳的地方。
在妞妞的花园里我们一起慢慢生活，
让一切都慢下来，不必着急。

老楼里挤出来的医院花园

图文 | 张婷　　**设计师** | 虹彩

主人：赵红
面积：60 ~ 70 平方米
坐标：四川泸州

这是一家私人诊所，经营四十多年了，很旧的老砖房，户外平台原来都做了硬化。
花园完全是挤出来的。

雨中探园
别有洞天的老楼诊所

去泸州叙永探园的第一天就遇到了下雨，在设计师虹彩姐的花园里坐了一上午，雨也没有要停下的意思，虹彩姐说："要不，我们打伞去探园吧。"

一路上虹彩就在跟我说："这个花园你一定要看的，是一家医院。"

私家花园很多，花园式的酒店民宿也不少，而私家的花园式医院还是头一次听说。

我想："在花园式医院里的病人，一定会好得更快一些吧。"

因为街道修路，我们在"山城"里步行了十多分钟才在一个狭长的通道尽头拐进了院

里。环顾四周，几间老旧的瓦房，我并没有看到想象中花园的样子。

抬头，是高高的石梯，两侧墙壁上布满了斑驳的岁月流淌的痕迹。风化过的石梯台阶早已没有当初硬朗的棱角，绿色的青苔和小水坑互相交织，一些原生态的树和灌木散漫地从各处角落探出头来。

沿着台阶爬到上面，我们都已经累得气喘吁吁。然而，推开院门后，我们仿佛走到了另一个世界。

原来，"柳暗花明又一村"就是这样的感觉啊！

7 不可思议
挤出来的花园

　　这是三面围合连成一体的楼房，医院特有的白色的墙，屋顶是深灰色的，花园就是楼房围合间几层高低错落的平台，几个大大小小的花池组成了整个花园空间。

　　花池里开花植物很少，以各种形态和颜色的绿植为主。

　　蓝灰的银叶金合欢、明黄的佛甲草、各色矾根、枫树、柏树等，衬得建筑物更干净隽秀，简单清爽。

白墙、灰屋顶、几个大大小小的花池，组合出了整个花园空间

设计师虹彩说："这个诊所是四十多年的老楼，改造前已经很破旧了。

三栋小楼间有几块户外平台，之前全部做了硬化，角落种了一棵枣树一棵蜡梅，都长得不好。

这次改造把外墙全部刷成白色，现在的花池是在平台上砌出来的，里面加了排水层和土工布，堆上泥炭，再种上植物。

所有的种植空间都是挤出来的，就着原来的地形，充分利用每一个空间。在围墙边，楼梯拐角处等砌花池造园。

空间大的平台还留出休闲区布置桌椅，上面加了玻璃雨棚，候诊的病人就有地方坐着歇息了。

整个动线也无数次琢磨，精心规划设计，让每条路都是穿行在花园间。

只有六七十平方米的空间，现场感觉要大很多。

医院后门的台阶两侧，也加了花池，阴湿的环境种上了适合生长的蕨类，原生的植物也尽可能保留。"

三 老楼变花园
唤起新的生命活力

从病房的窗户望出去，花园错落的层次尽在眼前，满眼的绿色，像是蓬勃的生命力就这么撞进来。住在这里的病人，一定能感受到植物疗愈的力量。

院长赵红和她的妈妈都是医生，家和诊所都在这个四合院里。

妈妈很爱种花，却不得其法。最爱的是院子里的蜡梅树，每年春节期间开满了沁香的花儿。妈妈年迈后，花园就没人照顾了。

后来，院长在设计师虹彩姐的协助下，起了重新打造花园的念头，也想让医院不再冰冷严肃，让植物给病人带来温度和疗愈的力量。

现在的花园虽然有很多局促和不完善的地方。然而，春天有毛茸茸、嫩嫩的银叶合欢；

有由绿色逐渐转变成洁白的木绣球；有每天早上绽放、晚上关闭的白晶菊；有香气袭人的多花素馨。

夏天，则是热烈奔放的火星花，和可以观花也可以观叶的花叶美人蕉，绿色、红色、淡红色、紫色……花形各异花瓣大小不一的绣球花相继开放；颜色逐渐变换、淡雅的蓝雪花从院墙上一泻而下，为炎热的夏日添了几分凉意。

还有那些巩根、金边兰、常青的棒棒糖、塔形的柏树、风姿绰约的鸡爪槭……在五颜六色中烘托着、间插着。

有了这些生机盎然的植物，老楼像是被重新唤起了生命活力，连空气都带着香甜呢！

满眼绿色，像是蓬勃的生命力就这么撞了进来

病人们说：看到美丽的花园，心情愉快，病都会好得快点。

为了让花园能保持好的状态，院长也开始学习侍弄花草，剪枝、施肥、浇水、捉虫，一有时间就在花园里巡视。

之前那么多年都是忙碌焦灼的状态，竟然在花园的劳作里渐渐地放松了。

用院长的话说："我种花疗愈了自己，也希望花园可以疗愈我的病人。他们于种种选择中来到我的医院，是对我的信任，我当要担得起这份信任。精湛的医术和贴心的服务是我们医院的根本，而优美的环境则是锦上添花。"

我顺着旋转楼梯走到三楼，从高处看下去，围墙外是沧桑的岁月痕迹，围墙里则是蓬勃焕然的生机。在跋山涉水后有些疲惫的身体在看到这个花园的惊喜，就犹如被病痛拖累到绝望的时候看到生的希望。

治病先治心，用柔软和温暖经营着的这个花园式医院，有美丽的花，蓬勃的树，也给我们带来治愈病痛的希望。

上　在花园劳作中渐渐放松

下　优美的环境是锦上添花

世间没什么歇不得处

图文｜虹彩

世间没什么歇不得处，前提是你想不想，要不要？慢下来享受生活，这是我打造花园的初衷。

槭枫园·楼上

主人：：虹彩

面积：：210平方米

坐标：：四川叙永

餐桌布置于落地窗边，让美食与美景相伴

为了更多的阳光，去楼上种花

　　五年前，我还在楼下花园种花，当年花花草草们就都开爆了，特别是十几棵藤本月季，开花时惊艳了所有路人。后来，开发商在东西两侧各建了一栋楼，花园被夹在中间，光照和通风都非常受影响，藤本月季的花量只有之前的十分之一，弱爆了！不得已我把它们挖出来，送到乡下熟人苗圃里寄养。

　　后来便遇到了位于同一小区17号楼楼顶的公寓，顶楼的露台阳光灿烂，立马就拿下了。为了我的花儿们能拥有一个阳光灿烂的家，我是不是疯了？

　　"入坑"家庭园艺十五年，种植过无数的植物，实操设计打造了多个花园，所以这个楼顶花园，从设计到种植对我来说也并不是一件太难的事。

　　这几年喜欢上了鸡爪槭、枫树，花园的骨架树以各种枫树槭树为主，所以这个楼顶花园我想叫它"槭枫园·楼上"花园。

　　作为一个资深的种植控和花境控，"槭枫园·楼上"花园的设计没有什么风格，主要是利用原来的楼顶露台的空间，弄了几个花池满足我种花折腾。

俯观花园里的花池，一片葱郁　　　　　　　　　汀石数十步，道路两旁花草丛生

 因势建造三层的花园楼阁

　　因为是顶楼的公寓，除了送的同层120平方米露台，旁边的楼顶和电梯换气井旁的空间都可以利用，我又加了楼梯，顺势做了二层和三层的花园。没有三层的别墅，有个三层的空中花园楼阁，也感觉不错呢。

【一层多个小花园】

　　根据各种要素的综合考虑，我的一层花园由七个小园组成。

　　月光花园、雨水花园、杂货花园（地台花园）、阳光房花园、混合花园、北侧阴生花园、台阶容器花园。

　　北侧阴生花园是独立的，和其他花园部分不相连，从客卫做了门出去。靠外侧的矮墙砌了花池，因为光照的关系，这里种了龟背竹、天堂鸟等大叶植物，搭配了几株槭树，地面是简单的碎石和石板汀步，整体空间清爽利落。挑高部分透过建筑的装饰梁，二层种的黄木香自然垂下，形成了更美的变幻的光影。

　　阳光房纳入了室内空间，三侧都是落地的大玻璃和移门，坐在阳光房里，每个角度都可以看到花园不同的景观。

　　围绕阳光房，推门出去由白色矮墙围出的花园空间，顶上砌了红砖，这处女儿墙较高，可以挡住外面凌乱的楼房。靠墙的花池里是以白色植物为主的花境，我叫它"月光花园"。

　　相邻的地台花园是主要的户外休闲区，铺了木平台，顶上做了尖顶的遮阳网，借了外侧的墙做了户外长椅的靠背。和月光花园间用矮墙镂空和木格子屏风做了空间隔断。

　　最大的空间在阳光房的东侧，凸出去的部分做了抬高的花池，也是我的混合花境花园。因为是露台，种植区都是利用墙边、角落、柱子等做的花池，需要做好防水及排水，植物根据光照和层次种植。

　　一层通往二层的楼梯，摆上盆器，种上植物，算是一个简单的容器花园。让两层花园自然过渡，也让花园的层次更加丰富。悬垂的蔓长春、常春藤等也遮挡了楼梯下的杂物空间。

上左 楼梯下角落里也被我利用了起来，做了工具房和洗手台

上右 花池和铺火山岩的地面之间，留些空做过渡，种植物或只是铺上碎石子都很好。不仅多了
变化，施工中也不用专门去切割石材

下左 墙面涂了最简单的白色，雨水痕迹慢慢在上面长了出来，斑驳的样子，越发自然了

下右 外墙和柱子太过突兀，钉了原木，既是装饰，也缓和了建筑的生硬，和自然更融洽

二层的砾石花园植物搭配简洁易维护，降低花园劳动量

【二层砾石花园和锦鲤池】

二层的空间面积约为80平方米，都是"偷"出来的空间，做了锦鲤池和湿生植物花坛。阳光房顶上的部分则是休憩区，靠墙做了几个花池花境。这里光照很好，便用龙舌兰、朱蕉、仙人掌等点缀，铺上砾石，做了一个岩石花境，主骨架用了丛生多头的川滇蜡树。

另一个观赏草花境则用了三株柏树做主骨架。

楼梯口用木头搭了简易的尖顶，悬垂的紫藤成了最美丽的门帘

三层红砖砌成的蔬菜种植区，木架可用于丝瓜或黄瓜攀爬

【三层可食用花园】

　　三层约50平方米：地面做了硬化、防水，用红砖砌了花池，做了蔬菜种植区。后来加了木廊架，可以攀爬黄瓜、丝瓜，也可以遮阴，现在上面爬满了百香果（西番莲），它的花叶很好看。

　　三层还有两棵猕猴桃，一棵桑葚，一棵柠檬。为增加可食用花园的颜值，还种了黄白木香和几棵月季、很多棵大丽花。一些喜欢光照的草花也种在这里方便平时随时剪来插花，实现鲜切花自由。

二楼锦鲤池漫出的水流入水缸中，
用来日常浇灌

绿色自循环的生态花园

 **雨水和堆肥**

一个优秀的花园应该是生态而环保的。

顶楼蒸发大，需水量高，所以在设计的就加入了国外雨水花园的概念，尽可能把雨水利用起来。

碎石和火山岩汀步的铺面，让雨水能渗漏到收集管道。二楼的锦鲤池，漫出的水经过旁边的湿生花坛，再到阳光房屋顶，进入管道后流到一层的几个水缸中，用于花园的日常浇灌。

另外，我还做了几个大大的堆肥箱，落叶、修剪下的枝条，日常的果皮和厨余垃圾等全部丢进堆肥箱，除了少量月季和绣球因为病叶的关系会丢到外面，其余的都在露台花园里自循环。环保的同时，也避免了顶楼搬运的不便。

堆肥用的是三明治方式，一层落叶等绿色物，一层泥炭土。三层的两个大堆肥箱，用红砖砌成，分别是80厘米X80厘米，轮换着翻。发酵的堆肥土就直接就放菜地里。

一层也有个堆肥箱，藏在花坛的角落里。修剪下的残枝败花就不用跑到三楼去丢了。

我还在花池里做了蚯蚓塔，给蚯蚓们安了家。它们也是花园里勤劳的园丁呢。

花园在顶楼，视野相对比较好，南面可以看到远处层峦叠嶂的山脉

四 人与自然，分享花园

花园的设计布局需要考虑很多因素，比如空间、阳光、功能需求，其实它和周围的关系也是非常重要的。把外面的风景框进花园的视野，再把花园框进室内家居的视野。人和花园和自然，成了最和谐的世界。

除了外面的三层露台花园，在阳光房里也种了很多植物，屋顶是玻璃，外侧有大的落地窗移门，光照很好，设计的时候就留出了室内花园的空间，地面留空没有铺地砖，这样浇水就不会渗漏到地面上。里面适当地储水，也能保证空间的湿度，植物用盆器种植，高低错落。搭配石块和大的陶粒铺面，更干净美观。

花园是要分享的，"槭枫园.楼上"花园也是我们花友们的根据地、打卡地。每年春天，花友们就会在我的花园里"搞事情"，玩插花、学茶艺，一起烧烤派对。我也会带着大家做些花园小课堂，学习杂货，花园润饰的运用等。在一起喝喝茶、聊聊天，聊种花心得，聊美好的事情。于是，在满眼的植物世界里，时光变得很慢，一切都安静美好了起来。

爱上花园，是我此生最大的幸事！世间没有什么歇不得处，傍晚泡上一壶茶，捧起一本书，晚风习习搅动门檐上的风铃叮咚；花开的美好让倦鸟不思林，三三两两叽叽喳喳；花香袭来，低头呷一口茶汤："嗯，人间值得，珍惜。"

利用楼梯的隔断墙做了生态缸

借来的空间造花园

图—张婷、摆先生 **文**—玛格丽特—颜

花园是生活，更是人生态度。打造花园，不仅是为自己打造一方舒适的闲暇空间，更是建设我们和自然的纽带，是一种和环境，和人，善意温柔的生活哲学。

主人：格子姐
面积：80平方米
坐标：四川泸州

十多年前格子姐就喜欢种花了，天竺葵是她的最爱，挂在廊架上琳琅满目，开着温柔灿烂的花儿，格子姐还专门为天竺葵增加了补光灯。而屋外阳光最好的位置都给了多肉和那些喜光的植物。

空间不够，只能垂直利用，立体的花架廊架，靠墙的壁挂，以及房顶上的悬挂，都布置了盆栽。角落里刷成红色的梯子是专门用来爬上爬下养护那些够不到的植物的。

真正属于格子姐的区域并不多，前院入户，栅栏门进去后一小块矮墙围起的过道，台阶上去是一小块铺了木地板的平台，设了开放茶室。后面就是一个小阳台。更多的植物只能种在外侧的公共绿化空间里。

格子姐说："这是借来的花园。"

借来的花园里分别有一棵桂花和一棵巨大的小叶榕，遮去了大部分光照，原来的植物几乎都残败了。格子姐看不下去，便开始清理，把枯死的灌木挖掉，茂盛的野草拔除，布置了铁艺拱门种爬藤月季，又铺上碎石子和汀步，地栽盆栽的植物一点点丰满起来……渐渐地外面这方阴湿荒芜之地，有了新的生机：旱金莲开了，绣球花开了，灯笼花开了，龟背竹长得更茂盛了，也越来越像个花园的样子了。

格子姐每天忙碌着，种花修剪施肥，也喜欢在平台上泡上一壶茶，慢慢欣赏花园的四季芬芳。虽然借来的花园并没有做栅栏，把它围成私人的花园空间，然而生活不是把自己关在这几平方米的小空间。推开门，站在阳台上，一抬眼，外面的绿化空间都在你的视线范围中，包括呼吸的空气，都属于我们生活的一部分。

当你放下小我，放眼天地，极目所见便都是你的花园。

左页　种植的多是喜阴植物，质朴自然不刻意，雨中格外清爽

右页　盛开的天竺葵、旱金莲，矮墙上的老桩多肉，像流水淌过般悠远静雅

淡泊以明志，宁静致远

　　小金子和摆先生都非常喜欢格子姐的花园，这里质朴自然，不刻意，带着平静温柔的力量，一下子就让人放松了下来。

　　因为光照的关系，花园里种植的植物多是喜阴的，并没有很多色彩艳丽的草花，整体色系非常简约淡雅，搭配灰色的碎石铺面，雨中格外清爽。

　　布置上也是随意自然，质朴的盆器，老旧的树桩，就这么安静地在那里，与世无争。

　　一草一木间都像流水淌过般悠远静雅。

　　所谓淡泊以明志，宁静而致远，大概就是这样的意境吧。

　　矮墙上种着多肉，旁边高低错落地摆放着不少盆栽，是格子姐最爱的天竺葵，搭配着其他草花。

　　铁艺拱门上，红萼苘麻已经爬满，灯笼一样可爱的小花悬垂下来，荡漾着绿色波浪一般。

　　旱金莲点缀着橙红爬上了窗台，菊科的小野花盛开着灿烂。

　　花园的每一处角落，都像一本好书，需要细品，越来越有滋味。

左页　铁线蕨柔嫩细软，如丝如片
右页　各种盆器组合，高低错落，点缀着几抹鲜丽的花朵

疫情中的绿洲花园奇迹

小区面积很大，之前绿化区种的小叶榕都长成了参天大树，把整个绿化都遮蔽得不见天日。底下的灌木草本都长得不好，逐渐就荒芜了，只有格子姐和她邻居那一处，格外亮眼，像是沙漠中的绿洲。

说起来，这个变化还是因为疫情，两年前疫情刚爆发的时候，整个小区被封，大家都被迫关在家中，所有的忙碌突然停滞了。利用这个大家都闲下来宅在家的时间，格子姐带着左邻右舍的大爷大妈们一起做起了花园建设。所有人一起动手，轮流去到各家，把屋前屋后的绿化空间重新改造，种上美丽的植物。这家搞好了，再一起去另一家。被封的那些日子，没有无聊，没有郁闷，每个人都干得热火朝天，

而带来的是家家户户的花园都变美了。

以前，格子姐也经常把播种扦插的小苗无私分享给邻居们，现在不一样了，大家都有了自己的花园空间，对种花也更有热情了。邻居之间互通有无，经常交流一起买花，喜欢的花大家都种上，种不好的植物也会互相请教经验教训，而养花十多年最有经验的格子姐自然成了大家的园艺老师。

不知怎么我想到了恺撒大帝的那句名言"I came, I saw, I conquered."本来阴暗荒败，无人问津之地，有了格子姐和她的邻居们，变成了一个草木芬芳的美丽新世界。

我看到，我来了，我把它变成了花园。

D&B Garden，
许我花一样的生活

图文｜么么茶

主人：么么茶
面积：128 平方米
坐标：重庆

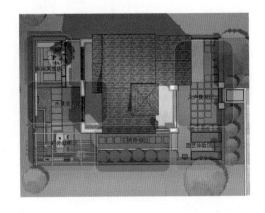

柏拉图曾说过，"如果你有两块面包，请拿
一块去换取水仙花。"是的，我就是这种人，
我的生活里，饭可以少吃，但却不能没有鲜
花。生命不息折腾不止，在这个美丽的花园
里实现了我向往的生活。

园龄不到一年

院子取名为"D&B Garden"源自于我孩子小名的英文缩写"DB"，孩子七岁，刚上小学，希望他能在这个花园里度过快乐的童年，感受大自然万物生长的乐趣，和院子一起成长。

从去年7月开始造园到今年1月硬质景观打造完工，接着开始种植花境，3月初花境打造完毕，新生的院子经历了从荒芜到繁花满园，也迎来了属于它的第一个春天。

我的花园请了设计师按照我的需求为我设计了平面布局。我想要一个自然而然，充满野趣，花开满园的花园格调。

上　自然而然，花开满园的花园格调
下　在繁花似锦中扑蝴蝶的"小姑娘"洋溢着青春烂漫

　　花园是联排别墅端户标准的"U"形，坐
南朝北，从前院入户规划的是草坪汀步，花
境，由中间的爬藤铁艺架做隔断，隔断后面
是两个菜箱，体验种菜的乐趣。

　　侧花园通过白墙、绿植、木质栅栏三种
形式连接形成与公共区域的隔离带，自然野
趣而有私密性。侧花园做了一个10米的花
台，搭配种植四季花境。

　　侧花园与后花园的转角处做的木质休闲
平台，摆放了我一直梦想的秋千，户外烧烤
BBQ操作台以及白色户外桌椅。

后花园则是通过花台和水景墙连接做的木平台及下沉休闲区域，喝茶，聊天，烤火。薄荷绿的水景墙也是几经尝试最终确定下来的，自然清新，符合整个花园的主色调。

后院还设置了一个下沉式休闲平台，冬天可以烤火，夏天可以坐在这里看露天电影。

户外躺椅，每天清晨可欣赏露浓花瘦

鹅卵石上铺设汀石板，在繁花满园中带来一缕清爽　　小青蛙摆件与草花的组合，更像是回归大自然

终于实现了田园梦

我从事建筑与生活方式媒体，是咨询公司的合伙人。几年前去新西兰旅行入住了一个种满绣球的百年庄园，从那时起就有了拥有一个绣球满园的花园梦想。

当初买下这个房子，最大的原因就是因为它有一个朝向很好的院子。一直向往花草相伴的生活，体会播种与收获的喜悦。

即使见识了世界的繁华，我也同样在意每一个平凡的日子。

从曾经20平方米的小庭院到现在128平方米的花园，从一盆花都养不活的小白逐渐成长到今天，看着眼前一派春意盎然、生机勃勃的景象，把曾经的田园梦也变成了现实。

花园怎可少得了水景呢，在水池旁边搭上露天
休息区感受清风拂过

有温度的家无需太多繁杂的装饰，绿植白墙就
能烘托出最美的人间烟火

 "远离无聊社交，许我花一样的生活"

　　这个花园打造之初特地请了园艺设计师
来规划布局，而我心里的花园空间从来都没
有什么精妙的技巧，只需搭配好不同季节的
开花植物，培育的花卉足够有生命力，就可
以打造出一个吸引人的花园花境。

　　在这个绿野仙踪的"家"里，我们希望

每一位来到的朋友，可以找到自己的生活痕
迹，回归生活的本质。有温度的家无需太多繁
琐的装饰，绿植白墙就能烘托出最美的人间烟
火。这种亲近自然的生活触手可得，值得拥有
美好的小日子。

Old Timbers Garden，
英国老庄园里的古板花园

图文｜ Dong

主人： Dong
面积： 8000 平方米（占地约 12 亩）池塘 2000 平方米
坐标： 英国西萨塞克斯郡

春季，团团簇簇，挨挨挤挤的郁金香与洋水仙把大地装扮得像幅油画

当春天来到，洋水仙、郁金香次第绽放，整个"古板花园"一下子明亮了起来。

我还在每天忙碌中，做着勤劳的园丁。

比如种上30米长的红豆杉绿篱，为了隔断玫瑰园和长花境；比如改造温室，把菜地平整起来，把池塘边的水景重新布置……

要改造这座12亩地的古老花园，一切才刚刚开始。

池塘里映出斑驳的倒影

丛生福禄考像一块紫色的地毯铺在石边

【古板花园的名字】

这是一个有着500年历史的中世纪古老乡舍，院子非常大。英文名字叫：Old timbers Garden，就是老木头板的意思。"很古老的木板"，我很喜欢这个名字。

我也很高兴终于可以拥有梦想中的花园，当晨曦照耀在院子里，紫色的丛生福禄考绽放，一切都欣喜欢荣的样子。

或者是冬日的雪后，屋顶、草地都被覆盖得洁白清冽，池塘里映出树木的倒影。池塘边的绣球花还没修剪，枯萎而不凋零的姿态，静静地陪伴。空气中已经有早开的金缕梅的沁香。

【我想要个花园】

两年前的此刻，我还在寻寻觅觅，我和中介说：我想要一个花园，很大的花园！

"面积至少要6~12亩，朝向一定要西南，花园土壤一定要趋于中性，如果园子里能有一条小溪淌过那就更完美了。"

中介大概觉得我一定觉是疯了，哪有买房子不看房子只看花园的？

中介带着我先后看了7、8栋房子，直到我遇见"古板花园"，一见钟情。

风懒懒地在草坪上游过，阳光将草地染成金色

看云彩变幻，天空由湖蓝至宝蓝色渐变

初到英国种花

"嘿，Dong，又在挪你的植物呐？它们看到你肯定会害怕吧？因为还没种下去多少日子，又要被你挖走了！"我想到之前种花时邻居老太的调侃。

那时候，我还不懂种花，在之前的院子里瞎倒腾。院子有600平方米，是我十年前刚到英国时住的房子，海边的一个小村庄，推开窗，屋外是连绵青翠的牧场。看着园子荒废了可惜，便想着种点什么。

记得第一次迈入园艺中心，生活仿佛对我打开了另一扇门！看着生机盎然的花草树木，以及琳琅满目的园艺配套产品，小到一包花籽儿，大到一棵树，穿插其中的是数不清的花花草草。我想起小时候生活的北方乡下田间林地，无数叫不出名字的花草。

我猜，园艺的种子大概从那时候就种下了，而此刻，像阳光突然照进，唤醒，种子悄然破壳萌芽！

那天，我买了几棵果树，还有好多棵'奥斯丁'月季。

和很多新手一样，对花园的设计、种植完全没有概念，只知道种下，然后期待它们开花。那是个疯狂买买买、种种种的时期，直到一整个院子硬生生地被我挤满了各种各样的植物花卉，大概就是个微缩版的苗圃。

因为园子太像苗圃了，接下来又开始新一轮挖挖挖、挪挪挪的过程，每天工作之余几乎全部时间都耗费在园子里，并为之乐此不疲。

闲暇之余，我往返于英国很多世界闻名的园子，比如英国皇家园艺协会名下的威斯利花园，英国国家信托基金名下的西辛赫斯特花园等等，各种不同的园子，每年都要逛很多遍，拍许多照片，回来后在网上疯狂地研究各种植物的习性。

慢慢地懂得了，植物跟土壤、阳光、温度的紧密关系；明白了杜鹃山茶喜阴凉，需要酸性土壤才能生长旺盛；绣球在酸性土里开的花是蓝色，在碱性土里开出来的是粉色。

英国BBC的老牌园艺节目：园艺世界，每期必看，从不落下，并录制下来反复观摩。

通过疯狂的吸收园艺知识，研究花草的习性，我逐渐对园艺有了更深入的体会。从做园艺的角度上，我总结出这个花园有着三大硬伤。

【土壤】

我居住的村子处在英吉利海峡的白崖旁边，土壤完全是白色的石灰土，里面还夹杂着大大小小的碎石头块，过度碱性的土壤极大地限制了我所能种植的园艺花卉品种，其中最遗憾的是无法在碱性土里养好我最爱的高山杜鹃和山茶。

【风】

在英国生活的小伙伴都知道英国的妖风是何等放肆。我住在海边，又在山坡上，常年狂风夹杂着海盐，不断肆虐花园，刚刚盛放的牡丹花瓣儿顷刻间随风而去，才萌芽的铁线莲一夜狂风后，叶子焦黄脱落。无数个狂风大作的夜里，我都在紧张着园子里的花草，实在令人心碎不已。

【地势】

我的房子处在山坡上，前花园和后花园落差将近45°，简直是园艺爱好者的噩梦，每天光徒手上坡下坡就要喘了，何况我还要腰背肩抗园艺土，榔头铁锹等工具。一天折腾下来，瘫软在沙发里，当初看中的360°无敌美景顿时也不觉得那么美了。

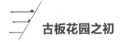

古板花园之初

2019年，是另一个花园世界的开启，在我的古板花园！

前业主是个花园爱好者，长达六十年的改造下花园已经成型，具有鲜明的英式田园风格，园子中有几堵不规则石墙穿插，使得园子的地势在平缓中又有起伏。

园中有十多棵古老的英国橡树和一个2000平方米左右的池塘，这些组成了花园的主要骨架和格局。

虽然园子的大格局已经成型，但是在具体的花园设计造景上显得凌乱无序。我理想中的花园是英式田园风中带有鲜明的东方园林特色。

在着手改造之前，我在园中观察了长达三个月之久，每天在园子里来回转悠，观察园子不同区域的光线强弱，哪些地方是风过之径，哪些是背风温和之地，逐渐地脑子里有了比较清楚的构想。

因为这是一座老院子，不可能按照全新的花园那样一切推倒重建，于是我在原有园子的基础上增加和删减，园子最终被我划分成为16个小区域。

杜鹃花开，一片紫红，在阳光下翩然起舞，美丽又可爱

秋园野花甸
⑫ 玫瑰园
⑬ 长花境
⑭ 山茶杜鹃绣球花径
⑮ 热带花园
⑯ 池塘

⑥ 地中海庭院
⑦ 牡丹园
⑧ 露台
⑨ 主草坪
⑩ 东方园林

① 绿蔚花园
② 杜鹃山茶
③ 法式平台
④ 温室
⑤ 苹果园

夜幕降临，星灯灿烂的屋外，除了虫儿的
鸣叫，一切都寂静无声

四 古板花园改造

古板花园，分为16个小园子。目前我的改造重点是后门庭院（patio）秋园以及沿着池塘边的山茶杜鹃和绣球步道（walkway）。

后门庭院（Patio）

后门庭院紧挨着正餐厅，由双拉的落地玻璃门连接（double sliding door）。所以这里也是餐厅的延伸，并作为进入后花园的第一个观景点。

后庭院地面铺设了厚重的石板。由一堵半圆形约50厘米高的矮砖墙围合起来，其中矮砖墙砌起来的也是一个花槽。

一层薄雪像纱一样覆盖在屋顶、树梢、草坪上，很是梦幻

容器中种上随季节变化的植物，让四季都有色彩

【改造前】

　　前屋主在矮墙的花槽里只种了蓝色的风信子，初春开放的时候是很漂亮，但是风信子花期一过，整个后庭院就显得光秃和无生趣。

【改造方案】

　　1. 在花槽里补充三种常绿矮生观赏草，比如冬青、苔草和麦冬，这样风信子花期后仍然葱郁。另外植物飘逸的线条可以弱化砖墙的生硬，高度也不会遮挡从后庭院观赏整个后花园的视线。

　　2. 掀掉了几块厚石板，种上三棵喜马拉雅白杨，提升了庭院的立体感，也减少了因砖墙和厚石板呈现的太过生硬感（Tough）。

　　3. 在从餐厅踏出到后庭院的门槛下，间隔着种上了矮生十阶植物（hebe plant）作为室内和室外的自然过渡。

　　4. 最后摆上桌椅和造型不一的花器，分别种上了常绿的夹竹桃、新西兰剑麻以及‘大卫

奥斯汀'月季'夏洛特夫人',花器里的植物可以跟随季节变化来调整,让四季都有色彩。

TIPS:

小庭院切忌摆小花器,反而显得凌乱。面积越小,越是要大胆摆设。配置大的花器,种植视觉效果有张力的植物。

古希腊神话里上帝的信使,两侧各置一棵小叶黄杨球

波斯菊正盛开，楚楚动人，圣洁清秀

法式阶梯式花园

【改造前】

　　左右和前方的花池只是凌乱地散植一些水仙和郁金香等球根类花卉，秋天有几簇菊花妆点，整个中央区域空白没有任何造景。

【改造方案】

　　1. 我在左右花池加入了两棵铁树，植在有45厘米高的容器里面。

　　2. 阶梯的中央我摆上了一尊法式雕像，是古希腊神话里上帝的信使。

　　3. 雕像的两侧放置了两个罐子，里面种上修剪工整的小叶黄杨球。

　　4. 在阶梯前方的花池，原本是密植的白色格桑花，虽然漂亮，但是跟法式主题不合，被我拔掉后补种了法国鸢尾。

【改造后】

　　这样一来，整个阶梯花园就有了鲜明的特色和焦点，把原本散乱的植物通过放置主造景植物和雕塑串合在一起，植物搭配显得自然浪漫而又不失法式花园工整的仪式感。

树雕花园（造型植物雕塑）

【改造前】

  房子的正前方有一片大草坪，原来的屋主只在草坪四周开辟出来一个传统的英式小花境，里面有月季、芍药和菊花，整体看起来有些中规中矩，没有鲜明的特色。

【改造方案】

  后来我决定把大片的草坪改造成一个树雕花园，里面散植高低错落、各种形状的树雕，这样一来，整个草坪一下有了层次，连同草坪边上的小花境也因为树雕的搭配显得生动起来。

  这个灵感是取自于大迪克斯特的树雕花园，它在植雕的四周布满花境，树雕的几何图案和花境的自然柔和互相衬托，相得益彰。而冬天草花休眠的时候，常绿的树雕依旧生机盎然，撑起了整个花园的骨架。

各种形状的树雕，生动有趣

绣球花开得鲜艳，粉白相间到紫红色的渐变

牡丹园

我喜爱牡丹，特地把紧挨房子的一侧开辟出来，做了一个小小的牡丹园。

在设计牡丹园的时候，因为不想做得像苗圃那样把牡丹一排排整齐地种下去，我把原本平整的土地用园艺土堆成高低不同的缓坡，把牡丹错落地种植其间，再配置几块造型岩石，石头的下方种上观赏草以及伏地生长的南庭阶花和福禄考，以此来弱化岩石生硬的线条。

里面我混植了花期有先后的树牡丹、芍药以及杂交牡丹（伊藤牡丹），树牡丹是4月最先开放的，紧接着杂交牡丹，最后才是芍药，这样各种牡丹次第开放，前后达一个月之久。

另外我还在牡丹植株间穿插种植了老鹳草，它的花期从7月一直持续到10月甚至11月，完美地填补了牡丹园的夏秋季无花的空缺。

夜晚在灯光映衬下的白色月季越发动人

玫瑰园

玫瑰园是我完全从无到有开辟出来的，本来那块地方是一片草坪。考虑到草坪维护起来费时费力，我便用欧洲红豆杉做隔断绿篱，把草坪分成两部分，其中三分之二是属于玫瑰园（其余归为长花境）。

玫瑰园按照色系为五个部分，分别为：红色系、粉色系、白色系、黄色系以及杂色系。在正中心竖起一个户外凉棚，周围又种上四株白色的爬藤玫瑰，期待不久的将来白色玫瑰可以爬满整个凉棚，该是多么美的画面啊！里面放上桌椅，在玫瑰盛开时可以随时坐下来欣赏。

一片银妆下星星点点挂着些红果在枝头

秋园 Autumn Garden

【改造前】

秋园原本只是一片野花甸，以白色的滨菊为主，滨菊在5月盛放，那时满坡的白色花海，甚是好看。但是滨菊的花期一过，整个空间显得凋零。

【改造方案】

为了最大化延长整个野花甸的观景期，我在秋园里首先植入了上千个洋水仙花球，然后植上30多棵赏叶树种，有日本枫树、北美糖枫、烟树等。这样在3月春天刚开始的时候是满坡金黄的水仙花，过后紧接着是滨菊，滨菊开败的时候，各种树木也都抽芽发叶，映衬在蓝天下的各种色彩的树叶，像是自然变幻的斑斓画作，直到秋末。

池塘+南岛东方花园

有水的园子便有了灵魂。园子里有个古老的原生水塘，约2000平方米，是几百年前用来给牲畜提供饮水水源的，如今在前业主的修整下，成为了花园的主要经典场景。

池塘周围是数棵高大的橡树，池塘里还有两个小岛，南侧小岛做景观，北岛保持原生态，是野鸭、大雁等野生鸟类的栖息地。

【改造前】

前屋主在南岛种了芭蕉和高大的菊科花卉，多年的生长，越来越茂盛，显得拥挤不堪。

【改造方案】

移除原来太过拥挤的芭蕉和菊科植物，植物换成1棵白色樱花、3棵树蕨、1棵山茶、1棵杜鹃，中间穿插灯台红霞报春、玉簪、白色马蹄莲和文殊兰等，并放置了日本灯龛，营造出东方园林的静谧之美。

有了花园的日子，忙碌而充实，四季更迭，花落叶黄，风景就在身边交替上演。心安之处是故乡，我想我会在古板花园里快乐地老去，这是作为一个园丁最大的幸福所在吧。

古板花园四季更迭，

花开花谢中，大雁秋去春归，

用镜头记录这一帧帧景色，

唯愿就这样，

随着花园慢慢地成长和静静地老去。

紫色铁线莲爬满了红砖墙，茎秆
韧如铁丝，花开如莲

热爱可抵岁月漫长
——我在"花间"

图文 | 花间　**编辑** | 玛格丽特－颜

主人：花间
面积：2 亩
坐标：湖北随州

一次偶然的机会我接触到了一本写塔莎奶奶
的书，她说，人生何其短暂，要做你自己喜
欢的事情。而花园，就是我们喜欢的唯一事物。

人生何其短，要做你自己喜欢的事情

2011年以前我和老公都在外地工作，结
婚后回到家乡随州。在2012年孩子出生后我
们两个慢慢爱上养花。刚入坑的时候，也和很
多花友一样，在淘宝上眼花缭乱地买了很多
苗，包括"宿迁的七彩玫瑰"，在交了很多
"学费"之后，终于修成正果。几年后，家里
100平方米的小院已经被我们种满了各种喜爱

院中姹紫嫣红开遍，置身其中一刻也不想离开

蓝紫色绣球砌出的小径，像极了一只只幻化的蝴蝶

种满睡莲的水池，两侧做了镜像花园

的花草，还有一大片美丽的玫瑰花墙。

伴着小院越来越美，我们种花的热情却越来越高涨，家里种不下，便想到了离家不远的老家，有2亩废弃已久的荒地，那里由于水利失修连年干旱地里除了杂草什么也没有，而且没有水，不通电，没有路。水电路都不通，造园难度非常大，

我们开始往这里试种了十几株月季，月季在这里存活得很好，让我们有了信心。

2016年，我们正式开始在这片荒地上开启了造园之路，一步一步摸索，慢慢打造出了我们的"花间玫瑰园"。

自己动手，漫漫造园之路

决定容易，做起来却困难重重，造园人力

财力物力都需要很大投入，我们也没有很多积蓄来做这个，所以尽量都自己动手，花园也是分了三年一点点完善。

这块地位于城郊，从大路上运材料进来需要走过两百米的田间小路，加上地形十分尴尬，是长一百米，宽十三米的长方形狭长地块。所有的植物介质肥料，铺路的沙、石、砖，搭建花架用的木头和钢铁，都是我和老公两个人一点点人工搬运进来。这条两百米的泥土路，我来回走过了几万遍。2016-2018年底我们就用坏了两个独轮车。

这2亩地上当时已经种上了两年的枣树，由于附近树林茂密，枣树虫害严重，结出的果子没法吃，第一步我们先挖掉了这些树。

第一年，我们仅仅完成了两亩地的三分之一，就是现在花园进门的前部分，搭建了六个

早晨剪下几枝花插上，在园中早餐

月季拱门组成长廊；种上了绣球花；在长廊尽头又建造了一个用来攀爬凌霄的廊架；在角落里做了一个木屋放置工具；挖了一个水池栽种睡莲；外侧铺了草坪。这一年，为了省支出，所有的铺路石板，木屋以及花架用的木头都是捡的废旧材料。

第二年，由于出门参观学习再加上天天受国外的花园图片启发，我们也进一步对花园有了更深的理解。花园的最大缺点一是地形，二就是没有任何乔木。第二年我们便买了几十棵乔木，栽种下去却没有任何效果。十年树木，花园还需要更多时间成长。由于花园地形十分不好，长100米宽13米，并且只能从宽的那一头进门。为了让花园看起来不那么狭长，开始做了些调整，做了一些圆形和环形的花境来遮挡视线，同时用树篱和花架将这些区域做了分隔。我们还挖了第二个水池种睡莲，水池两边做了镜像花园。

第三年，挖了第三个小水池改善生态，同时增加了多年生草本花境和休闲区域。做了另一边的几个休闲区域和以宿根花卉为主的花境。

这一年（2018年），花园的月季、铁线莲、绣球以及宿根花卉都开始有了效果，吸引了远近的爱花之人前来观赏。而我们的努力也有了回报，有花友帮忙给开户接了电，有领导认可给花园帮忙通上了自来水。而这些，也让我们更受鼓舞，决心种好每一株花，把花园建设得更美丽。

最后，狭长的2亩地只剩最后面一小块地还空着，我们便布置了一个自己喜欢的白色花园，闲暇时去坐一坐，感觉心情特别放松。

三 "我在花间"，这几个字就已经很美好了

　　为了省钱，花园里的所有硬件都是我的老公一点一点自己完成的，他吃苦耐劳，勤奋专注，所有铺路石、木廊架、围栏、凉亭都是他一手建造，全部没有请过工人。多数时候，我只要给他一个图片再一起估算一下大概的尺寸，他就能做出个八九分像来。他用业余的木匠泥匠以及油漆工技术为这个花园做了最大的贡献。

　　花间玫瑰园当然也不止有玫瑰，为了保证四季的景观效果，我不停在花园里栽种更换，选择合适本地的花园植物来搭配。而植物的栽种搭配也是我一点一点摸索的，每一棵花苗都是我亲手栽种，我不记得种植了多少个品种和数量，但任何一个角落种了什么植物我都一清二楚。

　　幸运的是我的家人们也都非常支持，花园忙碌的季节公婆都会过来帮忙浇水拔草，我们出远门的时候打理花园的也是他们。孩子在这样的环境下成长得也很快乐，我们每年都在花园里给他过生日，比同龄人

上　绣球花中，月季底下，是辛勤的花园主人
下　松果菊正在争奇斗艳，试与其他花一较高低

左　采一束粉色鲜花，让生活拥有更多美好的回忆

右　到了鲜花丰收的季节，"我在花间"这几个字就很美好了

多了更多美好的回忆。

2019年春，以月季为主的花间玫瑰园迎来了它最美的花期，也用它最美的姿态回馈了园丁，花园得到了来自本地以及邻近的外地客人认可。而这期间，我们先后开了淘宝店和实体店进行花苗植物的售卖，有了一些收入可以支撑正常运转。

每年春天的朋友圈里几乎都是大家在晒我们花园里的照片，还会告诉别人："我在花间"。

嗯，"我在花间"这几个字就很美好了。

有绣球，有大花葱，有月季，在如此花团锦簇间生活，可抵岁月漫长

四　热爱可抵岁月漫长，梦想再起航

花园是我们的爱好也是事业，曾有人问我："你这个也并不能挣很多钱，为什么还愿意做？"

热爱可抵岁月漫长，用心去经营，成就一个美丽的花园，就是最大的动力。

如今，六年过去了，花园从一无所有的荒地到花木繁盛，玫瑰长满了廊架，绣球开花时挤满了小路，一棵铁线莲就能开上几千朵花，爬山虎的葱翠绿色覆盖了整个墙壁和屋檐，甚至长进了房间。爱花的朋友们也在这里度过

了花开的一个又一个春，赏花拍照，花艺园艺活动，下午茶，花园晚餐，生日求婚派对……年年岁岁花相似，岁岁年年人不同，花园承载了大家的欢声笑语美好时光，这也就是我们所欣慰花园能够带给人们的意义。不止是种花赏花，还是一种生活方式，是八小时以外，是不同以往，是心灵休憩，也是灵魂居所。

我们希望自己做的花园能够更长久，就像国外那种"百年花园"。但花园位于城郊，在城市开发过程中建了不少高楼和小区。2019年起，我们又开始筹划在周边适合的乡村寻找能够尽量长远租赁的土地实现我们的"百年花园梦"。终于2020年秋在临近武汉的咸宁乡村租得一片山林，这是另一个梦想起航的地方。

去乡村，租十亩地造花园

图文 | 暗香

主人：暗香
面积：10亩（已建3亩）
坐标：湖北武汉

昨天，下着蒙蒙细雨，我在花园里穿梭，没有
打伞，和每一朵花打招呼。微风细雨，滋润着
花园，也滋养着我。

尽最大可能实现花园梦，而不是等退休了、等老了、等孩子长大了……

去乡下租地，实现花园梦

追忆似水年华，怀念昨日乡村。

我喜欢自然的英式村舍花园，所以给我的花园取名为"昨日乡村·花园农场"。

原本我只是想把家里种不下的月季花找块地建花园，谁知道一发不可收拾。后来又陆续租下十几亩地，花园也变成了"农场"。目前已造花园面积3亩多，剩下的继续做花园，来日方长呢！

现在的已建花园有六个区域：后院花园、地中海花园、绣球花园、草坪花境花园、儿童切花花园、玫瑰园，还有一个半亩地的温室大棚，方便秋播育苗。温室大棚的前面种满了向日葵，开花时很灿烂！

我喜欢田园，喜欢花园，希望在最好的年纪去实现我的花园梦，而不是等退休了，等老了，等孩子长大了……

【草坪花境花园】是主花园区，今年年初改造增加了小木屋。

【儿童切花花园】还未完全搞好，现在随意种了些花草，长势喜人。

【玫瑰园】玫瑰一直是我的最爱，也一直心心念念想要建一座玫瑰园。这里种了很多国外优秀品种月季，今年是第三年，开花效果一年比一年壮观！

【绣球园】目前还不够丰满，假以时日，开满绣球花会很美。

【地中海花园】

【后院花园】就地取材的一些陶罐，配上适合本土的植物，不过于华丽，是我喜欢的村舍风。

就地取材，打造"昨日乡村"

从2016年开始找地、设计、规划，挖下第一锹土，栽下第一棵花，铺第一条路，挖第一个池塘……"昨日乡村"从无到有，到现在历经了六个春夏秋冬。这里的一切，都有我手指的温度。多少次，起身时才感觉腰都直不起来了，忙到下午才想起来，午饭好像没有吃，这些经历和辛苦，只有花友才能体会。

为了节省成本，我请了隔壁邻居大哥来给我帮忙，其他基本都是自己动手，从设计画图纸，做工程指挥，到当小工、砌砖、铺石板路、刷油漆，还有每一棵植物的栽种。建园也是尽量就地取材，村里别人不要的石块、房梁、瓦片，我捡回来，恰当地用在花园的各个位置，充满创意地一件件把它们变废为宝，我也节约了成本。

曾有人说："为什么不买点好的材料建得精致一点？"我内心是无数个"NO"："我

在乡村建一个城市公园，再喊城里的朋友来欣赏，那有什么意义呢？"

造园的日子里，每天脑子里想的都是花园，有时候看到一张图片，激发了什么灵感，会赶紧用备忘录记下来，再一点点完善把它造出来。这个过程充满激情，辛苦却也是快乐和充实的。

回想这一路，从增加土地，建设苗圃，铺设网红场景，打造摄影基地……我从来没有停下努力的脚步。

现在花园建成已经第三年了，逐渐丰满，很多同城花友来参观游玩，我们在这里野炊，奔跑，像小时候一样快乐。

2021年4月17日，我的儿子15岁，对我来说是颇有意义的一天，就选这天作为我们的花园日吧，以后年年如此。

大多自己动手，捡别人废弃的砖砾瓦石建造我的花园

三 土地赐予我们食物和快乐

无论你拥有什么样的土地，它都是解压的妙境。

在我的乡村花园，除了每天可以呼吸到自然的带着花香的空气，享受种花造园的乐趣，我还开始学习做各种原生态的乡野美食，彻底改变了原先的生活方式。

一年四季，只要愿意去寻找，到处都是花钱买不到的自然美味。春天的竹笋、槐花、荠菜、野蒜，夏天的藕带、莲子、马齿苋，秋天的板栗，冬天的野柿子……运气好的时候，还能找到黑木耳、地皮菜、蘑菇和树莓。我做过树莓酱、李子酱，吃过自己熬的酱以后，你会很嫌弃外面卖的了。

正在慢慢丰满起来的花园，让我们的心里充满喜悦和希望

学习各种原生态的乡野美食，彻底改变了原先的生活

我还留了两分地做菜园，源源不断为餐桌提供最生态的美味食材。自己种的菜，味道跟菜场买来的完全不同。我最爱西红柿，每年都种很多很多，吃不完的做西红柿酱，也是我们家孩子的最爱。

不管是种花还是种菜，土地给人的快乐，从土壤延伸到天空，从花草延伸到生活，直到我们的心里，喜悦和充满希望，也让我们的焦虑一点点释放。

为爱而生，
亲手为女儿造一座"最美庭院"

图文 | 巧巧　　**编辑** | 阿风

主人：Grace 巧巧
面积：200 平方米
坐标：浙江遂昌

为爱而生：亲手为她造一座花园

是的，几年前的我也是个园艺小白，空有爱花心却每日奔波于都市。待到女儿出生，各种主客观因素下，我必须在留省城打拼事业和回乡下陪伴女儿之间做出选择。

这个选择并不难。至今我非常欣慰自己能在孩子最需要我的岁月里伴她左右，我愿倾我所能给她创造更美好的生活环境——比方说在工业园区大马路旁的屋宅边，为她造一座花园。

于是，从未做过农活、种植经验约等于零的我，将家门口这片建筑荒地改造成了一个约200平方米的乡村花园，期望能让女儿在里面接触到更多的自然与美好，让小小的她在未来的课后可以有个地方看看花、喂喂鱼，愉悦双目陶冶心情。

地处山城乡村，园艺气息远没城市浓厚，乡亲们空有偌大的院子却大都是硬化或者种菜。造园伊始时周围的疑惑纷至沓来，篱笆外的冷眼旁观、面对面的泼冷水唱反调都是常有的事。

放弃都市事业的打拼，回到山村陪伴女儿成长，她的笑脸告诉我这一切都是值得的

鱼儿在池塘里沉浮，四周绿意环绕

我告诉自己深呼吸、默念初心，日复一日的做好园丁该做的事。念念不忘，必有回响，几个寒暑交替，眼看这一片荒地，抽出了新芽，冒出了鲜花，鱼儿在池塘里浮沉，孩子在花园里玩耍，我的乡野小花园也被评为了浙江省省级"最美庭院"。

园艺的魅力之一，就是它的美是没有界限是可以传染的，随着花园的蜕变，曾经的那些质疑声消失不见了，越来越多的人认可并喜欢上这个花园，我或是分享小苗种子，或是答疑解惑、指导施工，周边越来越多的院子开始美化改造，多么高兴我能成为他们的园艺启蒙。

有一天小小的女儿对我说："谢谢妈妈，你让世界更美丽！"

我也要谢谢你，因为有你，妈妈才有了这魔力。

花丛中你稚嫩的笑脸，就是我心中最美的那一朵花花呀。

冬日的枯枝被春夏的繁花替代

纯DIY打造巧巧的花园

　　循着这份初心，我欣然释放自己内心对
园艺的热爱，开始通过书籍、网络如饥似渴
地学习相关知识，并雄心勃勃地付诸实践，
正式走上了全能开挂的园丁之路。

　　从最早的花园设计规划，到后续的各种
造园环节，事无巨细、亲力亲为：大小不一
的石头是自己开着货车挑拣着拉的，骨架树
之一的银杏是和爸妈、先生一起去老家的山

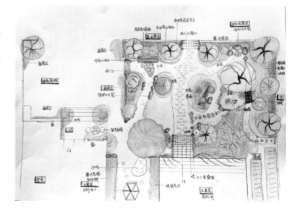

园外的竹篱也挡不住热闹的春色

上挖了背了运回来自己种的，花园外围的竹篱笆是娘家竹林里砍了回家清洗、刷漆、自己拿绳子编的，还有返工数次的池塘、花岗岩和砾石铺装的园路……

我用流淌的汗水和新增的老茧如愿造就了心中的花园，牵着孩子的小手，开始享受园艺带给我们的美好。

种植方面，最早是因为欧洲月季入的坑，所以全盛时种了一百多个品种的欧洲月季。

早期深爱英式花境的美好，也盲目填充了过多的草花，这样的结果当然是园丁本人工作量大很累，许多植物也因不适合本地气候而成为标本。

在实践中不断摸索总结，也不断学习选择、取舍。现今花园里欧洲月季仍旧是一大特色，但大多已是几轮筛选后留下的强健品种，种植数量也控制在可承受的范围，每年春季盛花时的欧洲月季花墙、竹篱笆和拱门都吸睛无数。

花园的整体风格也还是偏英式自然，但是以众多常绿彩叶灌木打底，配合适应当地气候的多年生宿根植物，构成花园植物主体，只在少量花境区域范围内点缀一些表现优异的应季草花（如角堇、夏堇、郁金香等）。这样花园总体稳定四季有景，劳作量降低很多，又能保持灵动鲜活不沉闷，渐渐地养成属于这个花园的独特的风情。

蜿蜒的小路穿过铁艺拱门，通往另一边的繁花似锦

从园艺小白到公益园艺师

建园早期来赏花的人很多，求购同款植物的呼声很大，于是顺势做过一段时间的园艺物资零售，也算以花养花。但随着业务量上升，时间被占据得厉害，造园初心本是为了更好地陪伴孩子，既然有所背离，零售业务就被我果断结束了。但是对植物的钻研和对园艺的热爱却从未停歇，也因此累积了满满的造园、种植的实战经验，有些花友开始找我帮忙设计庭院。

几年的花园时光，为自己也为其他的爱花人带来了无限美好，随之我设计改造花园的人越来越多。恰逢家中小弟在当地成立了景观设计及文创公司，我便成了公司的一名编外园艺设计师。

带娃之余偶尔接一个别墅庭院，全程跟进设计施工，让自己的生活不会过于空虚，也能让自己的园艺爱好有所释放。

慢慢地在当地也有了些许影响力，被政府聘为公益园艺师，常作为专业讲师免费给政府举办的园艺培训班上课，将自己走过的弯路、掌握的知识经验，无所保留地分享给更多的爱花人。我也从一个啥也不懂的小白，蜕变为许多花友口中的"巧巧老师"。感谢园艺丰富了我与孩子的人生，美丽了自己，也美丽了家乡。

花园时光系列书店

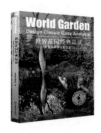

欢迎关注中国林业出版社天猫旗舰店、自然书馆

中国林业出版社　　中国林业出版社　　　小鹅通
天猫旗舰店　　　　　自然书馆　　　　　数字书店